教科書ガイド

啓林館版

数学B

TEXT BOOK GUIDE

文研出版

目次

第3章 数学と社会生活

巻末広場

第1章　数　列

第1節　等差数列・等比数列

1　数列とその項

問1 次の数列 $\{a_n\}$ の初項から第5項までを求めよ。

教科書 p.7

(1)　$a_n=-3n+2$　　(2)　$a_n=-3n+2^n$

ガイド 数を1列に並べたものを**数列**といい，数列の各数を**項**という。

項の個数が有限である数列を**有限数列**，項が限りなく続く数列を**無限数列**という。数列の項は，最初の項から順に，第1項，第2項，第3項，……といい，n 番目の項を**第 n 項**という。特に，第1項を**初項**ともいう。

また，有限数列では，最後の項を**末項**，項の個数を**項数**という。

数列を一般的に表すには，1つの文字に項の番号を添えて，

$$a_1,\ a_2,\ a_3,\ \cdots\cdots,\ a_n,\ \cdots\cdots$$

と表す。

また，数列 $a_1,\ a_2,\ a_3,\ \cdots\cdots,\ a_n,\ \cdots\cdots$ を $\{a_n\}$ と表す。

数列の第 n 項 a_n が n の式で表されるとき，その式を数列 $\{a_n\}$ の**一般項**という。

解答 (1)　$\boldsymbol{a_1}=-3\cdot1+2=\boldsymbol{-1}$，$\boldsymbol{a_2}=-3\cdot2+2=\boldsymbol{-4}$，$\boldsymbol{a_3}=-3\cdot3+2=\boldsymbol{-7}$，
$\boldsymbol{a_4}=-3\cdot4+2=\boldsymbol{-10}$，$\boldsymbol{a_5}=-3\cdot5+2=\boldsymbol{-13}$

(2)　$\boldsymbol{a_1}=-3\cdot1+2^1=\boldsymbol{-1}$，$\boldsymbol{a_2}=-3\cdot2+2^2=\boldsymbol{-2}$，$\boldsymbol{a_3}=-3\cdot3+2^3=\boldsymbol{-1}$，
$\boldsymbol{a_4}=-3\cdot4+2^4=\boldsymbol{4}$，$\boldsymbol{a_5}=-3\cdot5+2^5=\boldsymbol{17}$

問2 次のように並んだ数列 $\{a_n\}$ の一般項を推定し，n の式で表せ。

教科書 p.7

(1)　1，4，9，16，25，……　　(2)　-2，2，-2，2，-2，……

(3)　2，3，4，5，6，……　　(4)　$\dfrac{1}{2}$，$\dfrac{2}{3}$，$\dfrac{3}{4}$，$\dfrac{4}{5}$，$\dfrac{5}{6}$，……

ガイド 数列の各項の並び方の規則を見つける。

解答 (1) この数列は，$a_1=1^2$，$a_2=2^2$，$a_3=3^2$，……であるから，一般項は $\boldsymbol{a_n=n^2}$ と推定される。

(2) この数列は，-2 と 2 が交互に並んでいるから，一般項は $\boldsymbol{a_n=2(-1)^n}$ と推定される。

(3) この数列は，$a_1=1+1$，$a_2=2+1$，$a_3=3+1$，……であるから，一般項は $\boldsymbol{a_n=n+1}$ と推定される。

(4) この数列は，$a_1=\dfrac{1}{1+1}$，$a_2=\dfrac{2}{2+1}$，$a_3=\dfrac{3}{3+1}$，……であるから，一般項は $\boldsymbol{a_n=\dfrac{n}{n+1}}$ と推定される。

2 等差数列

問 3 次の等差数列の第 2 項から第 5 項までを求めよ。

教科書 p.8

(1) 初項 3，公差 4　　(2) 初項 10，公差 -3

ガイド 一般に，数列 a_1，a_2，a_3，……，a_n，…… において，各項に一定の数 d を加えて次の項が得られるとき，その数列を**等差数列**といい，加える一定の数 d を**公差**という。

等差数列 $\{a_n\}$ では，すべての自然数 n に対して次の関係が成り立つ。

$$\boldsymbol{a_{n+1}=a_n+d} \qquad \text{すなわち，} \boldsymbol{a_{n+1}-a_n=d}$$

解答 (1) **第 2 項** $3+4=\boldsymbol{7}$，**第 3 項** $7+4=\boldsymbol{11}$，
第 4 項 $11+4=\boldsymbol{15}$，**第 5 項** $15+4=\boldsymbol{19}$

(2) **第 2 項** $10+(-3)=\boldsymbol{7}$，**第 3 項** $7+(-3)=\boldsymbol{4}$，
第 4 項 $4+(-3)=\boldsymbol{1}$，**第 5 項** $1+(-3)=\boldsymbol{-2}$

問 4 次の等差数列 $\{a_n\}$ の一般項を求めよ。また，その第 7 項を求めよ。

教科書 p.9

(1) 初項 -5，公差 4　　(2) 初項 8，公差 -5

ガイド

ここがポイント [等差数列の一般項]

初項 a，公差 d の等差数列 $\{a_n\}$ の一般項は，

$$\boldsymbol{a_n=a+(n-1)d}$$

a_1，a_2，a_3，a_4，……，a_{n-1}，a_n
$+d$　$+d$　$+d$　$+d$　$+d$　$+d$
$(n-1)$ 個

$d\neq 0$ のとき，a_n は n の 1 次式となる。

解答 (1) 初項 -5, 公差 4 の等差数列 $\{a_n\}$ の一般項は,

$$\boldsymbol{a_n}=-5+(n-1)\cdot 4=\boldsymbol{4n-9}$$

また, この等差数列の第 7 項は,

$$\boldsymbol{a_7}=4\cdot 7-9=\boldsymbol{19}$$

(2) 初項 8, 公差 -5 の等差数列 $\{a_n\}$ の一般項は,

$$\boldsymbol{a_n}=8+(n-1)\cdot(-5)=\boldsymbol{-5n+13}$$

また, この等差数列の第 7 項は,

$$\boldsymbol{a_7}=-5\cdot 7+13=\boldsymbol{-22}$$

問 5 初項 3, 公差 -2 である等差数列 $\{a_n\}$ のある項が -105 である。この項は第何項か。

教科書 p.9

ガイド 初項 3, 公差 -2 の等差数列の一般項から, n の方程式をつくる。

解答 初項 3, 公差 -2 の等差数列 $\{a_n\}$ の一般項は,

$$a_n=3+(n-1)\cdot(-2)=-2n+5$$

$a_n=-105$ より, $\quad -2n+5=-105$

したがって, $\quad n=55$

よって, **第 55 項**である。

問 6 第 4 項が 8, 第 16 項が 44 である等差数列 $\{a_n\}$ の初項と公差を求めよ。また, この数列の一般項を求めよ。

教科書 p.9

ガイド 初項を a, 公差を d として, 与えられた条件から式をつくり, 連立して解く。

解答 初項を a, 公差を d とすると,

$a_4=8$ より, $\quad a+3d=8$

$a_{16}=44$ より, $\quad a+15d=44$

これらを連立して解くと,

$d=3,\ a=-1$

よって, **初項**は $\boldsymbol{-1}$, **公差**は $\boldsymbol{3}$

また, 一般項は,

$$\boldsymbol{a_n}=-1+(n-1)\cdot 3=\boldsymbol{3n-4}$$

問7 一般項が $a_n=-5n+8$ で表される数列 $\{a_n\}$ は，等差数列であることを示せ。また，初項と公差を求めよ。

教科書 p.10

ガイド 隣り合う項の差 $a_{n+1}-a_n$ が一定であることを示す。

解答 $a_n=-5n+8$ であるから，　$a_{n+1}=-5(n+1)+8$

よって，　$a_{n+1}-a_n=\{-5(n+1)+8\}-(-5n+8)=-5$

すべての自然数 n について，$a_{n+1}-a_n$ が -5 で一定であるから，数列 $\{a_n\}$ は公差 -5 の等差数列である。

また，　$a_1=-5\cdot1+8=3$

よって，**初項は3**，**公差は -5** である。

参考 一般に，p，q を定数として，一般項が n の1次式 $a_n=pn+q$ で表される数列 $\{a_n\}$ は，初項が $a_1=p+q$，公差が p の等差数列である。

問8 3つの数1，$2x$，$3x+4$ がこの順に等差数列となるとき，x の値を求めよ。

教科書 p.10

ガイド 3つの数 a，b，c がこの順に等差数列ならば，
$b-a=c-b$ より，$2b=a+c$ が成り立つ。

逆に，$2b=a+c$ ならば，$b-a=c-b$ となり，a，b，c はこの順に等差数列となる。

したがって，

a，b，c がこの順に等差数列 $\Longleftrightarrow$ $2b=a+c$

が成り立つ。

解答 $2\cdot2x=1+(3x+4)$ より，　$x=5$

問9 自然数の和 $1+2+3+\cdots\cdots+100$ を求めよ。

教科書 p.11

ガイド

ここがポイント **[等差数列の和]**

初項 a，公差 d，末項 ℓ，項数 n の等差数列の和を S_n とすると，

[1]　$S_n=\dfrac{1}{2}n(a+\ell)$　　[2]　$S_n=\dfrac{1}{2}n\{2a+(n-1)d\}$

特に，自然数の列 1，2，3，……，n は，初項 1，末項 n，項数 n の等差数列であるから，その和は，

$$\mathbf{1+2+3+\cdots\cdots+n=\frac{1}{2}n(n+1)}$$

になる。

解答 $1+2+3+\cdots\cdots+100=\frac{1}{2}\cdot100\cdot(100+1)$

$=\mathbf{5050}$

問10 次の和を求めよ。

教科書 p.12

(1) 初項 -2，末項 34，項数 13 の等差数列の和

(2) 初項 1，公差 -3 の等差数列の初項から第 20 項までの和

ガイド 問 9 の ここがポイント [等差数列の和]の公式を利用する。

(1)は公式[1]，(2)は公式[2]を利用する。

解答 (1) 初項 -2，末項 34，項数 13 の等差数列の和を S_{13} とすると，

$$S_{13}=\frac{1}{2}\cdot13\cdot(-2+34)=\mathbf{208}$$

(2) 初項 1，公差 -3 の等差数列の初項から第 20 項までの和を S_{20} とすると，

$$S_{20}=\frac{1}{2}\cdot20\cdot\{2\cdot1+(20-1)\cdot(-3)\}=\mathbf{-550}$$

問11 次の等差数列の初項から第 n 項までの和 S_n を求めよ。

教科書 p.12

(1) -3，1，5，9，……　　(2) 15，10，5，0，……

ガイド 初項と公差を求め，[等差数列の和]の公式[2]に代入する。

解答 (1) 初項 -3，公差 4，項数 n の等差数列の和であるから，

$$S_n=\frac{1}{2}n\{2\cdot(-3)+(n-1)\cdot4\}=\mathbf{n(2n-5)}$$

(2) 初項 15，公差 -5，項数 n の等差数列の和であるから，

$$S_n=\frac{1}{2}n\{2\cdot15+(n-1)\cdot(-5)\}=\mathbf{-\frac{5}{2}n(n-7)}$$

問12 次の等差数列の和 S を求めよ。

教科書 p.12

(1) 2, 5, 8, ……, 50　　(2) 100, 98, 96, ……, 50

ガイド 項数を調べる。

解答 (1) 初項 2，公差 3 の等差数列であるから，項数を n とすると，

$$2+(n-1)\cdot 3=50$$

よって，　$n=17$

S は初項 2，末項 50，項数 17 の等差数列の和であるから，

$$S=\frac{1}{2}\cdot 17\cdot(2+50)=\mathbf{442}$$

(2) 初項 100，公差 -2 の等差数列であるから，項数を n とすると，

$$100+(n-1)\cdot(-2)=50$$

よって，　$n=26$

S は初項 100，末項 50，項数 26 の等差数列の和であるから，

$$S=\frac{1}{2}\cdot 26\cdot(100+50)=\mathbf{1950}$$

末項 ℓ がわかっているから，
等差数列の和の公式[1]を利用しよう！

問13 2 桁の自然数のうち，7 で割ると 2 余る数の和を求めよ。

教科書 p.13

ガイド 7 で割ると 2 余る 2 桁の自然数を小さい順に並べた数列は，公差 7 の等差数列となる。

解答 7 で割ると 2 余る 2 桁の自然数を小さい順に並べた数列 $\{a_n\}$ は，初項 16，公差 7 の等差数列となるから，

$$a_n=16+(n-1)\cdot 7=7n+9$$

$7n+9\leqq 99$ を満たす最大の自然数 n は，$n\leqq\frac{90}{7}=12.8\cdots\cdots$ より，

$$n=12$$

よって，求める和を S とすると，

$$S=\frac{1}{2}\cdot 12\cdot\{2\cdot 16+(12-1)\cdot 7\}=\mathbf{654}$$

問14 初項 -120，公差 7 の等差数列 $\{a_n\}$ において，初項から第何項までの和が最小となるか。また，そのときの和を求めよ。

教科書 p.13

ガイド 数列の和において，加える項が正のとき，その和は増加する。また，加える項が負のとき，その和は減少する。

数列 $\{a_n\}$ の和が最小となる場合であるから，$\{a_n\}$ の一般項が 0 以下となる n の値の範囲を考える。

解答 この等差数列の一般項は，

$$a_n=-120+(n-1)\cdot 7=7n-127$$

$a_n=7n-127\leqq 0$ となるのは，$n\leqq\dfrac{127}{7}=18.1\cdots\cdots$ のときであるから，$\{a_n\}$ は第 18 項までは負であり，第 19 項以降は正である。

したがって，**第 18 項**までの和が最小になり，その**和**は，

$$\frac{1}{2}\cdot 18\cdot\{2\cdot(-120)+(18-1)\cdot 7\}=\mathbf{-1089}$$

3 等比数列

問15 次の等比数列の第 2 項から第 5 項までを求めよ。

教科書 p.14

(1) 初項 1，公比 3　　(2) 初項 3，公比 -1

ガイド 一般に，数列 a_1，a_2，a_3，……，a_n，…… において，各項に一定の数 r を掛けて次の項が得られるとき，その数列を**等比数列**といい，掛ける一定の数 r を**公比**という。

各項が 0 でない等比数列 $\{a_n\}$ では，すべての自然数 n に対して次の関係が成り立つ。

$$\boldsymbol{a_{n+1}=a_nr} \qquad \text{すなわち，} \quad \boldsymbol{\frac{a_{n+1}}{a_n}=r}$$

解答 (1) **第 2 項** $1\cdot 3=\mathbf{3}$，**第 3 項** $3\cdot 3=\mathbf{9}$，
第 4 項 $9\cdot 3=\mathbf{27}$，**第 5 項** $27\cdot 3=\mathbf{81}$

(2) **第 2 項** $3\cdot(-1)=\mathbf{-3}$，**第 3 項** $(-3)\cdot(-1)=\mathbf{3}$，
第 4 項 $3\cdot(-1)=\mathbf{-3}$，**第 5 項** $(-3)\cdot(-1)=\mathbf{3}$

問16 次の等比数列 $\{a_n\}$ の一般項を求めよ。また，その第5項を求めよ。

教科書 p.15

(1)　3，6，12，……　　(2)　4，$-\dfrac{4}{3}$，$\dfrac{4}{9}$，……

ガイド

ここがポイント [等比数列の一般項]

初項 a，公比 r の等比数列 $\{a_n\}$ の一般項は，

$$\boldsymbol{a_n=ar^{n-1}}$$

a_1，a_2，a_3，a_4，……，a_{n-1}，a_n
$\times r$　$\times r$　$\times r$　$\times r$　$\times r$　$\times r$
$(n-1)$ 個

解答 (1)　初項3，公比 $\dfrac{6}{3}=2$ の等比数列 $\{a_n\}$ の一般項は，

$$\boldsymbol{a_n=3\cdot 2^{n-1}}$$

また，この等比数列の第5項は，　$\boldsymbol{a_5}=3\cdot 2^{5-1}=\boldsymbol{48}$

(2)　初項4，公比 $\dfrac{-\frac{4}{3}}{4}=-\dfrac{1}{3}$ の等比数列 $\{a_n\}$ の一般項は，

$$\boldsymbol{a_n=4\left(-\frac{1}{3}\right)^{n-1}}$$

また，この等比数列の第5項は，　$\boldsymbol{a_5}=4\left(-\dfrac{1}{3}\right)^{5-1}=\boldsymbol{\dfrac{4}{81}}$

注意　$r\neq 0$ のとき，$r^0=1$ と定める。

問17 第2項が6，第4項が54である等比数列 $\{a_n\}$ の一般項を求めよ。

教科書 p.15

ガイド 初項と公比を求める。

解答 初項を a，公比を r とすると，

$a_2=6$ より，　$ar=6$　……①

$a_4=54$ より，　$ar^3=54$　……②

①，②より，　$r^2=9$　すなわち，　$r=\pm 3$

①より，$r=3$ のとき，$a=2$

$r=-3$ のとき，$a=-2$

よって，一般項は，　$\boldsymbol{a_n=2\cdot 3^{n-1}}$ **または**，$\boldsymbol{a_n=-2(-3)^{n-1}}$

問18　3つの数2，x，8がこの順に等比数列となるとき，xの値を求めよ。

教科書 p.15

ガイド　0でない3つの数a，b，cがこの順に等比数列ならば，

$\frac{b}{a}=\frac{c}{b}$ より，$b^2=ac$ が成り立つ。

逆に，$b^2=ac$ ならば，$\frac{b}{a}=\frac{c}{b}$ となり，a，b，cはこの順に等比数列となる。

したがって，0でない3つの数a，b，cについて，

a，b，cがこの順に等比数列 $\Longleftrightarrow$ $b^2=ac$

が成り立つ。

解答　$x^2=2\cdot8$ より，　$\boldsymbol{x=\pm4}$

問19　次の等比数列の初項から第n項までの和S_nを求めよ。

教科書 p.17

(1)　初項2，公比 -2 の等比数列　　(2)　8，12，18，27，……

ガイド

ここがポイント　**[等比数列の和]**

初項a，公比r，項数nの等比数列の和をS_nとすると，

$r\neq1$ のとき，　$S_n=\frac{a(1-r^n)}{1-r}=\frac{a(r^n-1)}{r-1}$

$r=1$ のとき，　$S_n=na$

解答　(1)　初項2，公比 -2，項数nの等比数列の和であるから，

$$S_n=\frac{2\{1-(-2)^n\}}{1-(-2)}=\boldsymbol{\frac{2}{3}\{1-(-2)^n\}}$$

(2)　初項8，公比 $\frac{12}{8}=\frac{3}{2}$，項数nの等比数列の和であるから，

$$S_n=\frac{8\left\{\left(\frac{3}{2}\right)^n-1\right\}}{\frac{3}{2}-1}=\boldsymbol{16\left\{\left(\frac{3}{2}\right)^n-1\right\}}$$

問20 初項から第3項までの和が -7，初項から第6項までの和が182である等比数列の初項 a と公比 r を求めよ。ただし，r は実数とする。

教科書 p.17

ガイド $r=1$ のときと $r\neq1$ のときで，和の公式が異なることに注意する。

解答 初項から第 n 項までの和を S_n とする。

$r=1$ のとき，$S_3=-7$，$S_6=182$ より，　$3a=-7$，$6a=182$

これらを同時に満たす a の値は存在しない。

$r\neq1$ のとき，$S_3=-7$，$S_6=182$ より，

$$\frac{a(1-r^3)}{1-r}=-7 \quad \cdots\cdots①$$

$$\frac{a(1-r^6)}{1-r}=182 \quad \cdots\cdots②$$

②÷① より，　$\dfrac{1-r^6}{1-r^3}=-26$

$1-r^6=(1+r^3)(1-r^3)$ であるから，$1+r^3=-26$ より，$r^3=-27$

r は実数であるから，　$r=-3$

これを①に代入して，　$a=-1$

よって，　$\boldsymbol{a=-1}$，$\boldsymbol{r=-3}$

参考 等比数列の和の公式を用いずに，次のように解くこともできる。

別解 初項から第 n 項までの和を S_n とする。

$S_3=-7$ より，　$a+ar+ar^2=a(1+r+r^2)=-7 \quad \cdots\cdots③$

$S_6=182$ より，　$a+ar+ar^2+ar^3+ar^4+ar^5=182$

したがって，　$a(1+r+r^2)+ar^3(1+r+r^2)=182 \quad \cdots\cdots④$

③，④より，　$-7-7r^3=182$

よって，　$r^3=-27$

r は実数であるから，　$r=-3$

これを③に代入して，　$a=-1$

よって，　$\boldsymbol{a=-1}$，$\boldsymbol{r=-3}$

研究 複利法

問題 年利 2 % の複利法で 2500 万円を借り入れ，毎年 x 万円ずつ返済する。25 年で全額返済するとき，$1.02^{25} \fallingdotseq 1.64$ として x のおよその値を求めよ。

教科書 p.18

ガイド ローンの利子の計算には，ふつう複利法（元金(がんきん)（もとの金額）に利子を加えたものを，次回の元金として計算する方法）が用いられる。

2500 万円を借り入れ，1 年に x 万円ずつ返済する場合について，年利（1 年間の利率）を r として n 年後に残っている金額を計算すると，

$$2500(1+r)^n - x(1+r)^{n-1} - x(1+r)^{n-2} - \cdots\cdots - x$$
$$= 2500(1+r)^n - \frac{x\{(1+r)^n - 1\}}{r} \text{（万円）}$$

本問では，年利 2 % で 25 年で全額返済するのであるから，$r=0.02$，$n=25$ として，n 年後に残っている金額が 0 円になるような x の値を求めればよい。

解答 年利 2 % であるから，25 年後に残っている金額は，

$$2500(1+0.02)^{25} - x(1+0.02)^{24} - x(1+0.02)^{23} - \cdots\cdots - x$$
$$= 2500 \cdot 1.02^{25} - \frac{x(1.02^{25} - 1)}{0.02}$$
$$= 2500 \cdot 1.02^{25} - 50x(1.02^{25} - 1) \text{（万円）}$$

この金額が 0 円になるから，

$$2500 \cdot 1.02^{25} - 50x(1.02^{25} - 1) = 0$$

したがって，

$$x = \frac{2500 \cdot 1.02^{25}}{50(1.02^{25} - 1)} \fallingdotseq \frac{50 \cdot 1.64}{1.64 - 1} = 128.125$$

よって，x のおよその値は，　$\boldsymbol{x \fallingdotseq 128}$

節末問題　第1節｜等差数列・等比数列

1 教科書 p.19

等差数列 2, 6, 10, …… の項のうち，100 以上 200 以下の範囲にあるものの個数を求めよ。また，それらの和を求めよ。

ガイド 等差数列 $\{a_n\}$ の一般項を求め，$100 \leqq a_n \leqq 200$ を満たす自然数 n の個数を求める。

解答 この等差数列を $\{a_n\}$ とすると，初項 2，公差 4 の等差数列であるから，一般項は，　$a_n=2+(n-1)\cdot 4=4n-2$

ここで，$100 \leqq 4n-2 \leqq 200$ とすると，　$25.5 \leqq n \leqq 50.5$

これを満たす自然数 n は，26 から 50 までの $50-26+1=25$ (個) ある。

また，求める和は，初項 $4\cdot 26-2=102$，末項 $4\cdot 50-2=198$，項数 25 の等差数列の和であるから，

$$\frac{1}{2}\cdot 25\cdot(102+198)=3750$$

よって，　**個数 25，和 3750**

2 教科書 p.19

ある等差数列の初項から第 10 項までの和は 100，第 11 項から第 20 項までの和は 200 であるという。この数列の第 21 項から第 30 項までの和を求めよ。

ガイド この等差数列を $\{a_n\}$ とすると，初項から第 10 項までの和は，$\frac{1}{2}\cdot 10\cdot(a_1+a_{10})$，第 11 項から第 20 項までの和は，$\frac{1}{2}\cdot 10\cdot(a_{11}+a_{20})$ である。

解答 この等差数列を $\{a_n\}$ とし，初項を a，公差を d とする。

初項から第 10 項までの和が 100 であるから，

$$\frac{1}{2}\cdot 10\cdot(a_1+a_{10})=100$$

$$5\cdot[a+\{a+(10-1)d\}]=100$$

したがって，　$2a+9d=20$　……①

第 11 項から第 20 項までの和が 200 であるから,

$$\frac{1}{2}\cdot10\cdot(a_{11}+a_{20})=200$$

$$5\cdot[\{a+(11-1)d\}+\{a+(20-1)d\}]=200$$

したがって, $2a+29d=40$ ……②

①, ②を連立して解くと, $d=1$, $a=\frac{11}{2}$

よって, 求める和は,

$$\frac{1}{2}\cdot10\cdot(a_{21}+a_{30})$$

$$=5\cdot\left[\left\{\frac{11}{2}+(21-1)\cdot1\right\}+\left\{\frac{11}{2}+(30-1)\cdot1\right\}\right]=\mathbf{300}$$

別解 この等差数列の初項を a, 公差を d, 初項から第 n 項までの和を S_n とする。

初項から第 10 項までの和が 100, すなわち, $S_{10}=100$ であるから,

$$\frac{1}{2}\cdot10\cdot\{2a+(10-1)d\}=100$$

したがって, $2a+9d=20$ ……③

第 11 項から第 20 項までの和が 200 であるから,

$$S_{20}-S_{10}=200$$

すなわち, $S_{20}=S_{10}+200=100+200=300$ であるから,

$$\frac{1}{2}\cdot20\cdot\{2a+(20-1)d\}=300$$

したがって, $2a+19d=30$ ……④

③, ④を連立して解くと, $d=1$, $a=\frac{11}{2}$

このとき,

$$S_{30}=\frac{1}{2}\cdot30\cdot\left\{2\cdot\frac{11}{2}+(30-1)\cdot1\right\}=600$$

であるから, 求める和は,

$$S_{30}-S_{20}=600-300=\mathbf{300}$$

☐ **3**
教科書 p.19

第4項が $\dfrac{2}{9}$，第8項が18である等比数列の第6項を求めよ。ただし，公比は実数とする。

ガイド 初項を a，公比を r として，与えられた条件から式をつくる。

解答 この等比数列の初項を a，公比を r とする。

$a_4=\dfrac{2}{9}$ より，　$ar^3=\dfrac{2}{9}$　……①

$a_8=18$ より，　$ar^7=18$　……②

②÷① より，

$r^4=81$

$r^4-81=0$

$(r^2+9)(r^2-9)=0$

$(r^2+9)(r+3)(r-3)=0$

公比 r は実数であるから，　$r=\pm 3$

$r=3$ のとき，①より，　$a=\dfrac{2}{243}$

したがって，第6項は，　$\dfrac{2}{243}\cdot 3^5=2$

$r=-3$ のとき，①より，　$a=-\dfrac{2}{243}$

したがって，第6項は，　$-\dfrac{2}{243}\cdot(-3)^5=2$

よって，第6項は，　**2**

テクニック この等比数列を $\{a_n\}$ とすると，$a_6=a_4\cdot r^2$ である。
したがって，$r^4-81=0$ より，$r^2=9$ を求めてから，

$$a_6=a_4\cdot r^2=\frac{2}{9}\cdot 9=2$$

として，第6項を求めることもできる。

□ **4**　教科書 p.19

a, b は0でない異なる2つの実数とする。a, 2, b がこの順に等比数列となり，$\frac{1}{2}$, $\frac{1}{b}$, $\frac{1}{a}$ がこの順に等差数列となるとき，a, b の値を求めよ。

ガイド　x, y, z がこの順に等差数列 $\iff 2y=x+z$

x, y, z がこの順に等比数列 $\iff y^2=xz$

が成り立つことを用いる。

解答　a, 2, b がこの順に等比数列となるから，

$$ab=2^2 \quad \cdots\cdots①$$

$\frac{1}{2}$, $\frac{1}{b}$, $\frac{1}{a}$ がこの順に等差数列となるから，

$$\frac{1}{2}+\frac{1}{a}=2\cdot\frac{1}{b}$$

したがって，　$ab+2b=4a$　……②

①より，　$b=\frac{4}{a}$　……③

③を②に代入して，$4+\frac{8}{a}=4a$ より，

$$4a+8=4a^2$$
$$4a^2-4a-8=0$$
$$a^2-a-2=0$$
$$(a+1)(a-2)=0$$

よって，　$a=-1$, 2

$a=-1$ のとき，③より，　$b=-4$

$a=2$ のとき，③より，　$b=2$

$a\neq b$ であるから，　$\boldsymbol{a=-1}$, $\boldsymbol{b=-4}$

5 教科書 p.19

初項から第3項までの和が21，第4項から第6項までの和が168である等比数列の初項 a と公比 r を求めよ。ただし，r は実数とする。

ガイド 与えられた条件から式をつくる。

解答 初項から第3項までの和が21であるから，

$a+ar+ar^2=21$　……①

第4項から第6項までの和が168であるから，

$ar^3+ar^4+ar^5=168$　……②

①より，　$a(1+r+r^2)=21$　……③

②より，　$ar^3(1+r+r^2)=168$　……④

④÷③ より，　$r^3=8$

r は実数であるから，　$r=2$

これを③に代入して，　$a=3$

よって，　$\boldsymbol{a=3,\ r=2}$

参考 等比数列の和の公式を用いて，次のように解くこともできる。

別解 連続する3項ずつの和が異なるから，　$r \neq 1$

初項から第3項までの和が21であるから，

$$\frac{a(1-r^3)}{1-r}=21 \quad \cdots\cdots ⑤$$

第4項から第6項までの和，すなわち，初項 ar^3，公比 r，項数3の等比数列の和が168であるから，

$$\frac{ar^3(1-r^3)}{1-r}=168 \quad \cdots\cdots ⑥$$

⑥÷⑤ より，　$r^3=8$

r は実数であるから，　$r=2$

これを⑤に代入して，　$a=3$

よって，　$\boldsymbol{a=3,\ r=2}$

与えられた条件をうまく使って，文字を1つ消去しよう。

第2節 いろいろな数列

1 和の記号 Σ

問21 次の和を，各項の和の形で表せ。

教科書 p.21

(1) $\sum_{k=1}^{3}(2k+1)$　(2) $\sum_{k=1}^{4}(k^2-4)$　(3) $\sum_{k=4}^{7}(k^2+1)$

ガイド 数列の和 $a_1+a_2+a_3+\cdots\cdots+a_n$ を表すのに，記号 $\sum$ を用いて $\sum_{k=1}^{n}a_k$ と書く。

$$\boldsymbol{\sum_{k=1}^{n}a_k=a_1+a_2+a_3+\cdots\cdots+a_n}$$

一般に，$\sum_{k=p}^{q}a_k$ は数列 $\{a_k\}$ の第 p 項から第 q 項までの和を表す。

解答 (1) $\sum_{k=1}^{3}(2k+1)=(2\cdot1+1)+(2\cdot2+1)+(2\cdot3+1)=\mathbf{3+5+7}$

(2) $\sum_{k=1}^{4}(k^2-4)=(1^2-4)+(2^2-4)+(3^2-4)+(4^2-4)=\mathbf{-3+0+5+12}$

(3) $\sum_{k=4}^{7}(k^2+1)=(4^2+1)+(5^2+1)+(6^2+1)+(7^2+1)$

$=\mathbf{17+26+37+50}$

参考 $\sum$ は，sum (和) の頭文字Sに対応するギリシャ文字で，シグマと読む。また，$\sum_{k=p}^{q}a_k$ は，$p\leqq q$ の場合のみを考える。

問22 次の和を，$\sum$ を用いて表せ。

教科書 p.21

(1) $1^3+2^3+3^3+\cdots\cdots+10^3$　(2) $1\cdot3+2\cdot4+3\cdot5+\cdots\cdots+100\cdot102$

ガイド 第 k 項を k を用いて表し，末項が第何項かを考える。

解答 (1) 第 k 項が k^3 の数列の初項から第10項までの和であるから，

$$1^3+2^3+3^3+\cdots\cdots+10^3=\boldsymbol{\sum_{k=1}^{10}k^3}$$

(2) 第 k 項が $k(k+2)$ の数列の初項から第100項までの和であるから，

$$1\cdot3+2\cdot4+3\cdot5+\cdots\cdots+100\cdot102=\sum_{k=1}^{100}k(k+2)$$

問23 次の和を，各項の和の形で表し，その和を求めよ。

教科書 p.21

(1) $\sum_{k=1}^{5}2\cdot3^{k-1}$　(2) $\sum_{k=1}^{n}2^{k-1}$　(3) $\sum_{k=1}^{n-1}3^{k}$

ガイド いずれも等比数列の和となっている。

解答 (1) $\sum_{k=1}^{5}2\cdot3^{k-1}=\mathbf{2+2\cdot3+2\cdot3^2+2\cdot3^3+2\cdot3^4}$

$$=\frac{2(3^5-1)}{3-1}=\mathbf{242}$$

(2) $\sum_{k=1}^{n}2^{k-1}=\mathbf{1+2+2^2+\cdots\cdots+2^{n-1}}$

$$=\frac{2^n-1}{2-1}=\mathbf{2^n-1}$$

(3) $\sum_{k=1}^{n-1}3^{k}=\mathbf{3+3^2+3^3+\cdots\cdots+3^{n-1}}$

$$=\frac{3(3^{n-1}-1)}{3-1}=\mathbf{\frac{3^n-3}{2}}$$

参考 初項 a，公比 $r\ (r\neq1)$ の等比数列の初項から第 n 項までの和の公式を，$\sum$ を用いて表すと，

$$\sum_{k=1}^{n}ar^{k-1}=\frac{a(1-r^n)}{1-r}$$

2 累乗の和

問24 教科書 p.22 の③の公式を用いて，次の和を求めよ。

教科書 p.22

(1) $\sum_{k=1}^{10}k^2$　(2) $1^2+2^2+3^2+\cdots\cdots+12^2$

ガイド 公式 $\sum_{k=1}^{n}k^2=1^2+2^2+3^2+\cdots\cdots+n^2=\frac{1}{6}n(n+1)(2n+1)$ を用いる。

解答 (1) $\sum_{k=1}^{10}k^2=\frac{1}{6}\cdot10\cdot(10+1)\cdot(2\cdot10+1)=\mathbf{385}$

(2) $1^2+2^2+3^2+\cdots\cdots+12^2=\frac{1}{6}\cdot12\cdot(12+1)\cdot(2\cdot12+1)=\mathbf{650}$

問25 恒等式 $(k+1)^4-k^4=4k^3+6k^2+4k+1$ を利用して，次の等式を導け。

教科書 p.22

$$\sum_{k=1}^{n}k^3=1^3+2^3+3^3+\cdots\cdots+n^3=\left\{\frac{1}{2}n(n+1)\right\}^2$$

ガイド 恒等式 $(k+1)^4-k^4=4k^3+6k^2+4k+1$ に，$k=1,\ 2,\ 3,\ \cdots\cdots,\ n$ をそれぞれ代入してできる n 個の式の各辺をそれぞれ加える。

そして，等式

$$\sum_{k=1}^{n}k=1+2+3+\cdots\cdots+n=\frac{1}{2}n(n+1)$$

$$\sum_{k=1}^{n}k^2=1^2+2^2+3^2+\cdots\cdots+n^2=\frac{1}{6}n(n+1)(2n+1)$$

が成り立つことを利用する。

解答 恒等式 $(k+1)^4-k^4=4k^3+6k^2+4k+1$ に，$k=1,\ 2,\ 3,\ \cdots\cdots,\ n$ をそれぞれ代入すると，

$k=1$ のとき，　$2^4-1^4=4\cdot1^3+6\cdot1^2+4\cdot1+1$

$k=2$ のとき，　$3^4-2^4=4\cdot2^3+6\cdot2^2+4\cdot2+1$

$k=3$ のとき，　$4^4-3^4=4\cdot3^3+6\cdot3^2+4\cdot3+1$

…………　　…………………………………

$k=n$ のとき，　$(n+1)^4-n^4=4\cdot n^3+6\cdot n^2+4\cdot n+1$

この n 個の式の各辺をそれぞれ加えると，

$$(n+1)^4-1^4=4(1^3+2^3+3^3+\cdots\cdots+n^3)+6(1^2+2^2+3^2+\cdots\cdots+n^2)+4(1+2+3+\cdots\cdots+n)+(1+1+1+\cdots\cdots+1)$$

$$(n+1)^4-1=4\sum_{k=1}^{n}k^3+6\cdot\frac{1}{6}n(n+1)(2n+1)+4\cdot\frac{1}{2}n(n+1)+n$$

移項すると，

$$\begin{aligned}4\sum_{k=1}^{n}k^3&=(n+1)^4-1-n(n+1)(2n+1)-2n(n+1)-n\\&=(n+1)^4-n(n+1)(2n+1)-2n(n+1)-(n+1)\\&=(n+1)\{(n+1)^3-n(2n+1)-2n-1\}\\&=(n+1)(n^3+3n^2+3n+1-2n^2-n-2n-1)\\&=(n+1)(n^3+n^2)=n^2(n+1)^2\end{aligned}$$

したがって，

$$\sum_{k=1}^{n} k^3=\frac{1}{4}n^2(n+1)^2=\left\{\frac{1}{2}n(n+1)\right\}^2$$

よって，

$$\sum_{k=1}^{n} k^3=1^3+2^3+3^3+\cdots\cdots+n^3=\left\{\frac{1}{2}n(n+1)\right\}^2$$

参考　各項が一定の値 c である数列の和 $\sum_{k=1}^{n} c$ は，

$$\sum_{k=1}^{n} c=\underbrace{c+c+c+\cdots\cdots+c}_{n\text{ 個}}=nc$$

特に，c が1の場合，$\sum_{k=1}^{n} 1=n$ となる。

これまでの数列の和をまとめると，次のようになる。

ポイントプラス [和の公式]

$\sum_{k=1}^{n} c=nc$　ただし，c は定数　　$\sum_{k=1}^{n} k=\frac{1}{2}n(n+1)$

$\sum_{k=1}^{n} k^2=\frac{1}{6}n(n+1)(2n+1)$　　$\sum_{k=1}^{n} k^3=\left\{\frac{1}{2}n(n+1)\right\}^2$

問26　次の和を求めよ。

教科書 p.24

(1)　$\sum_{k=1}^{n}(3k^2-k-2)$　　(2)　$\sum_{k=1}^{n}(4k^3+1)$

(3)　$\sum_{k=1}^{n}(k+1)(k-1)$

ガイド

ここがポイント [Σの性質]

1　$\sum_{k=1}^{n}(a_k+b_k)=\sum_{k=1}^{n}a_k+\sum_{k=1}^{n}b_k$，

$\sum_{k=1}^{n}(a_k-b_k)=\sum_{k=1}^{n}a_k-\sum_{k=1}^{n}b_k$

2　$\sum_{k=1}^{n}ca_k=c\sum_{k=1}^{n}a_k$　　ただし，c は定数

累乗の和の公式と Σ の性質を用いる。

解答 (1) $\displaystyle\sum_{k=1}^{n}(3k^2-k-2)=3\sum_{k=1}^{n}k^2-\sum_{k=1}^{n}k-\sum_{k=1}^{n}2$

$$=3\cdot\frac{1}{6}n(n+1)(2n+1)-\frac{1}{2}n(n+1)-2n$$

$$=\frac{1}{2}n(n+1)(2n+1)-\frac{1}{2}n(n+1)-2n$$

$$=\frac{1}{2}n\{(n+1)(2n+1)-(n+1)-4\}$$

$$=\frac{1}{2}n(2n^2+2n-4)$$

$$=\boldsymbol{n(n^2+n-2)}$$

$$\boldsymbol{(n(n-1)(n+2))}$$

(2) $\displaystyle\sum_{k=1}^{n}(4k^3+1)=4\sum_{k=1}^{n}k^3+\sum_{k=1}^{n}1$

$$=4\cdot\left\{\frac{1}{2}n(n+1)\right\}^2+n$$

$$=n^2(n+1)^2+n$$

$$=n\{n(n+1)^2+1\}$$

$$=\boldsymbol{n(n^3+2n^2+n+1)}$$

(3) $\displaystyle\sum_{k=1}^{n}(k+1)(k-1)=\sum_{k=1}^{n}(k^2-1)=\sum_{k=1}^{n}k^2-\sum_{k=1}^{n}1$

$$=\frac{1}{6}n(n+1)(2n+1)-n$$

$$=\frac{1}{6}n\{(n+1)(2n+1)-6\}$$

$$=\boldsymbol{\frac{1}{6}n(2n^2+3n-5)}$$

$$\boldsymbol{\left(\frac{1}{6}n(n-1)(2n+5)\right)}$$

☐ **問27** 次の数列の和を求めよ。

教科書 p.24

(1) $1\cdot3,\ 3\cdot5,\ 5\cdot7,\ \cdots\cdots,\ (2n-1)(2n+1)$

(2) $1^2\cdot2,\ 2^2\cdot3,\ 3^2\cdot4,\ \cdots\cdots,\ n^2(n+1)$

ガイド 第 k 項を k で表す。

解答 (1)　求める和は，第 k 項が $(2k-1)(2k+1)$ である数列の初項から第 n 項までの和であるから，

$$\begin{aligned}\sum_{k=1}^{n}(2k-1)(2k+1)&=\sum_{k=1}^{n}(4k^2-1)\\&=4\sum_{k=1}^{n}k^2-\sum_{k=1}^{n}1\\&=4\cdot\frac{1}{6}n(n+1)(2n+1)-n\\&=\frac{2}{3}n(n+1)(2n+1)-n\\&=\frac{1}{3}n\{2(n+1)(2n+1)-3\}\\&=\boldsymbol{\frac{1}{3}n(4n^2+6n-1)}\end{aligned}$$

(2)　求める和は，第 k 項が $k^2(k+1)$ である数列の初項から第 n 項までの和であるから，

$$\begin{aligned}\sum_{k=1}^{n}k^2(k+1)&=\sum_{k=1}^{n}(k^3+k^2)\\&=\sum_{k=1}^{n}k^3+\sum_{k=1}^{n}k^2\\&=\left\{\frac{1}{2}n(n+1)\right\}^2+\frac{1}{6}n(n+1)(2n+1)\\&=\frac{1}{4}n^2(n+1)^2+\frac{1}{6}n(n+1)(2n+1)\\&=\frac{1}{12}n(n+1)\{3n(n+1)+2(2n+1)\}\\&=\boldsymbol{\frac{1}{12}n(n+1)(3n^2+7n+2)}\\&\quad\left(\boldsymbol{\frac{1}{12}n(n+1)(n+2)(3n+1)}\right)\end{aligned}$$

3 階差数列

問28 次の数列の階差数列は，どのような数列か。

教科書 p.25

(1) 3, 5, 10, 18, 29, 43, …… (2) 1, 2, 0, 4, −4, 12, ……

ガイド 一般に，数列 $\{a_n\}$ に対して，

$$\boldsymbol{b_n = a_{n+1} - a_n}$$

ただし，$n=1, 2, 3, \cdots\cdots$

で与えられる数列 $\{b_n\}$ を，数列 $\{a_n\}$ の**階差数列**という。

$a_1,\ a_2,\ a_3,\ a_4,\ \cdots\cdots$

$b_1,\ b_2,\ b_3,\ \cdots\cdots$

解答 (1) 隣り合う項の差は，

2, 5, 8, 11, 14, ……

となっているから，階差数列は，**初項 2，公差 3 の等差数列**である。

(2) 隣り合う項の差は，

1, −2, 4, −8, 16, ……

となっているから，階差数列は，**初項 1，公比 −2 の等比数列**である。

問29 次の数列 $\{a_n\}$ の一般項を求めよ。

教科書 p.26

(1) 1, 3, 7, 13, 21, 31, ……

(2) 2, 5, 14, 41, 122, 365, ……

ガイド

ここがポイント [階差数列と一般項]

数列 $\{a_n\}$ の階差数列を $\{b_n\}$ とすると，

$n \geqq 2$ のとき， $\boldsymbol{a_n = a_1 + \sum_{k=1}^{n-1} b_k}$

解答 (1) この数列 $\{a_n\}$ の階差数列 $\{b_n\}$ は，

2, 4, 6, 8, 10, ……

であるから，初項 2，公差 2 の等差数列である。

したがって， $b_n = 2 + (n-1) \cdot 2 = 2n$

よって，$n \geqq 2$ のとき，

$$
\begin{aligned}
a_n &= a_1 + \sum_{k=1}^{n-1} b_k \\
&= 1 + \sum_{k=1}^{n-1} 2k \\
&= 1 + 2\sum_{k=1}^{n-1} k \\
&= 1 + 2 \cdot \frac{1}{2}(n-1)n \\
&= n^2 - n + 1 \quad \cdots\cdots ①
\end{aligned}
$$

$\displaystyle\sum_{k=1}^{n-1}$ の計算は，$\displaystyle\sum_{k=1}^{n}$ の公式の n のところに $n-1$ を代入すればいいよ。

①に $n=1$ を代入すると，$1^2-1+1=1$ となり，初項 a_1 と一致する。

以上より，一般項は，　$\boldsymbol{a_n = n^2 - n + 1}$

(2)　この数列 $\{a_n\}$ の階差数列 $\{b_n\}$ は，

3，9，27，81，243，……

であるから，初項 3，公比 3 の等比数列である。

したがって，　$b_n = 3 \cdot 3^{n-1} = 3^n$

よって，$n \geqq 2$ のとき，

$$
\begin{aligned}
a_n &= a_1 + \sum_{k=1}^{n-1} b_k \\
&= 2 + \sum_{k=1}^{n-1} 3^k \\
&= 2 + \frac{3(3^{n-1}-1)}{3-1} \\
&= 2 + \frac{3^n - 3}{2} \\
&= \frac{3^n + 1}{2} \quad \cdots\cdots ①
\end{aligned}
$$

$\displaystyle\sum_{k=1}^{n-1} 3^k$ は初項 3，公比 3，項数 $n-1$ の等比数列の和だよ。

①に $n=1$ を代入すると，$\dfrac{3^1+1}{2}=2$ となり，初項 a_1 と一致する。

以上より，一般項は，　$\boldsymbol{a_n = \dfrac{3^n+1}{2}}$

⚠注意　①の a_n は，$n \geqq 2$ のときの a_n であるから，$n=1$ としたときも成り立つかどうかを必ず確認する。

4 数列の和と一般項

☐ **問30** 初項から第 n 項までの和 S_n が，次の式で与えられる数列 $\{a_n\}$ の一般項を求めよ。

教科書 p.27

(1) $S_n=n^2-3n$　　(2) $S_n=n^2-3n+1$

(3) $S_n=3^n-1$

ガイド

ここがポイント **[数列の和と一般項]**

数列 $\{a_n\}$ の初項から第 n 項までの和を S_n とするとき，

$$\boldsymbol{a_1=S_1}$$

$n\geqq2$ のとき，　$\boldsymbol{a_n=S_n-S_{n-1}}$

解答 (1) $a_1=S_1=1^2-3\cdot1=-2$

$n\geqq2$ のとき，

$$\begin{aligned}a_n&=S_n-S_{n-1}\\&=(n^2-3n)-\{(n-1)^2-3(n-1)\}\\&=2n-4\quad\cdots\cdots①\end{aligned}$$

①に $n=1$ を代入すると，$2\cdot1-4=-2$ となり，初項 a_1 と一致する。

以上より，一般項は，　$\boldsymbol{a_n=2n-4}$

(2) $a_1=S_1=1^2-3\cdot1+1=-1$

$n\geqq2$ のとき，

$$\begin{aligned}a_n&=S_n-S_{n-1}\\&=(n^2-3n+1)-\{(n-1)^2-3(n-1)+1\}\\&=2n-4\quad\cdots\cdots①\end{aligned}$$

①に $n=1$ を代入すると，$2\cdot1-4=-2$ となり，初項 a_1 と一致しない。

以上より，一般項は，　$\boldsymbol{a_1=-1}$

$n\geqq2$ のとき，$\boldsymbol{a_n=2n-4}$

(3) $a_1=S_1=3^1-1=2$

$n\geqq2$ のとき，

$$\begin{aligned}a_n&=S_n-S_{n-1}\\&=(3^n-1)-(3^{n-1}-1)=3^n-3^{n-1}=3\cdot3^{n-1}-3^{n-1}\\&=2\cdot3^{n-1}\quad\cdots\cdots①\end{aligned}$$

①に $n=1$ を代入すると，$2\cdot3^{1-1}=2$ となり，初項 a_1 と一致する。
以上より，一般項は，　$\boldsymbol{a_n=2\cdot3^{n-1}}$

5 いろいろな数列の和

問31

恒等式 $\dfrac{1}{(2k-1)(2k+1)}=\dfrac{1}{2}\left(\dfrac{1}{2k-1}-\dfrac{1}{2k+1}\right)$ を利用して，次の和 S_n を求めよ。

教科書 p.28

$$S_n=\frac{1}{1\cdot3}+\frac{1}{3\cdot5}+\frac{1}{5\cdot7}+\cdots\cdots+\frac{1}{(2n-1)(2n+1)}$$

ガイド 与えられた恒等式を利用して，各項を分数の差の形に変形する。

解答
$$\frac{1}{(2k-1)(2k+1)}=\frac{1}{2}\left(\frac{1}{2k-1}-\frac{1}{2k+1}\right)$$

が成り立つから，

$$S_n=\frac{1}{2}\left\{\left(\frac{1}{1}-\frac{1}{3}\right)+\left(\frac{1}{3}-\frac{1}{5}\right)+\left(\frac{1}{5}-\frac{1}{7}\right)+\cdots\cdots+\left(\frac{1}{2n-1}-\frac{1}{2n+1}\right)\right\}$$

$$=\frac{1}{2}\left(1-\frac{1}{2n+1}\right)=\boldsymbol{\frac{n}{2n+1}}$$

問32

次の問いに答えよ。

教科書 p.28

(1) $\dfrac{1}{\sqrt{k}+\sqrt{k+1}}$ の分母を有理化せよ。

(2) 次の和を求めよ。

$$\frac{1}{\sqrt{1}+\sqrt{2}}+\frac{1}{\sqrt{2}+\sqrt{3}}+\frac{1}{\sqrt{3}+\sqrt{4}}+\cdots\cdots+\frac{1}{\sqrt{n}+\sqrt{n+1}}$$

ガイド (2) (1)の結果を利用する。

解答 (1)
$$\frac{1}{\sqrt{k}+\sqrt{k+1}}=\frac{\sqrt{k}-\sqrt{k+1}}{(\sqrt{k}+\sqrt{k+1})(\sqrt{k}-\sqrt{k+1})}$$

$$=\frac{\sqrt{k}-\sqrt{k+1}}{k-(k+1)}$$

$$=\boldsymbol{-\sqrt{k}+\sqrt{k+1}}$$

(2) (1)より，$\dfrac{1}{\sqrt{k}+\sqrt{k+1}}=-\sqrt{k}+\sqrt{k+1}$ が成り立つから，

$$\frac{1}{\sqrt{1}+\sqrt{2}}+\frac{1}{\sqrt{2}+\sqrt{3}}+\frac{1}{\sqrt{3}+\sqrt{4}}+\cdots\cdots+\frac{1}{\sqrt{n}+\sqrt{n+1}}$$

$$=(-\sqrt{1}+\sqrt{2})+(-\sqrt{2}+\sqrt{3})+(-\sqrt{3}+\sqrt{4})+\cdots\cdots+(-\sqrt{n}+\sqrt{n+1})$$

$$=-\sqrt{1}+\sqrt{n+1}=\boldsymbol{\sqrt{n+1}-1}$$

問33 次の和 S_n を求めよ。

教科書 p.29

$$S_n=1\cdot2+2\cdot2^2+3\cdot2^3+\cdots\cdots+n\cdot2^n$$

ガイド 各項が，(等差数列)×(等比数列) の形をした数列の和となっている。

このような数列の和を求めるには，公比 r (ここでは，$r=2$) を利用して，S_n-rS_n を考える。

解答

$$S_n=1\cdot2+2\cdot2^2+3\cdot2^3+4\cdot2^4+\cdots\cdots+n\cdot2^n \quad \cdots\cdots①$$

①の両辺に2を掛けると，

$$2S_n=1\cdot2^2+2\cdot2^3+3\cdot2^4+\cdots\cdots+(n-1)\cdot2^n+n\cdot2^{n+1} \quad \cdots\cdots②$$

①－②より，

$$-S_n=(2+2^2+2^3+\cdots\cdots+2^n)-n\cdot2^{n+1}$$

$2+2^2+2^3+\cdots\cdots+2^n$ は，初項2，公比2，項数 n の等比数列の和であるから，

$$-S_n=\frac{2(2^n-1)}{2-1}-n\cdot2^{n+1}$$

$$=2^{n+1}-2-n\cdot2^{n+1}$$

$$=-(n-1)\cdot2^{n+1}-2$$

よって，

$$\boldsymbol{S_n=(n-1)\cdot2^{n+1}+2}$$

問34 正の奇数の列を次のような群に分け，第 n 群には n 個の数が入るようにする。

教科書 p.30

$$1 \mid 3,\ 5 \mid 7,\ 9,\ 11 \mid 13,\ 15,\ 17,\ 19 \mid 21,\ 23,\ \cdots\cdots$$

第1群　第2群　第3群　第4群

このとき，次のものを求めよ。

(1)　第 n 群の最初の数　　(2)　第 n 群に入る数の和

ガイド (1)　第1群から第 $(n-1)$ 群までに入る奇数の個数を考える。

(2)　第 n 群は，等差数列となっているから，その和を考える。

解答 (1)　$n \geqq 2$ のとき，第1群から第 $(n-1)$ 群までに入る奇数の個数は，

$$1+2+3+\cdots\cdots+(n-1)=\frac{1}{2}(n-1)n$$

したがって，第 n 群の最初の項は，$\left\{\frac{1}{2}n(n-1)+1\right\}$ 番目の奇数であるから，

$$2\left\{\frac{1}{2}n(n-1)+1\right\}-1=n^2-n+1 \quad \cdots\cdots①$$

①に $n=1$ を代入すると，$1^2-1+1=1$ となり，①は $n=1$ のときも成り立つ。

よって，　$\boldsymbol{n^2-n+1}$

(2)　第 n 群は，初項 n^2-n+1，公差2，項数 n の等差数列であるから，その和は，

$$\frac{1}{2}n\{2(n^2-n+1)+(n-1)\cdot 2\}=\boldsymbol{n^3}$$

節末問題

第2節｜いろいろな数列

1 教科書 p.31

次の和を求めよ。

(1) $\displaystyle\sum_{k=1}^{n} k(k+1)(k+2)$　　(2) $\displaystyle\sum_{i=1}^{n-1} (2^i+3)$

ガイド (1) 展開してから，累乗の和の公式を用いる。

(2) 初項から第 $(n-1)$ 項までの和である。初項から第 n 項までの和の公式の n のところに $n-1$ を代入する。

解答 (1)

$$\sum_{k=1}^{n} k(k+1)(k+2)=\sum_{k=1}^{n}(k^3+3k^2+2k)$$
$$=\sum_{k=1}^{n}k^3+3\sum_{k=1}^{n}k^2+2\sum_{k=1}^{n}k$$
$$=\left\{\frac{1}{2}n(n+1)\right\}^2+3\cdot\frac{1}{6}n(n+1)(2n+1)+2\cdot\frac{1}{2}n(n+1)$$
$$=\frac{1}{4}n^2(n+1)^2+\frac{1}{2}n(n+1)(2n+1)+n(n+1)$$
$$=\frac{1}{4}n(n+1)\{n(n+1)+2(2n+1)+4\}$$
$$=\boldsymbol{\frac{1}{4}n(n+1)(n^2+5n+6)}$$
$$\left(\boldsymbol{\frac{1}{4}n(n+1)(n+2)(n+3)}\right)$$

(2)

$$\sum_{i=1}^{n-1}(2^i+3)=\sum_{i=1}^{n-1}2^i+\sum_{i=1}^{n-1}3$$
$$=\frac{2(2^{n-1}-1)}{2-1}+3(n-1)$$
$$=\boldsymbol{2^n+3n-5}$$

2 教科書 p.31

次の和 S を求めよ。

$S=2\cdot3+3\cdot4+4\cdot5+\cdots\cdots+n(n+1)$

ガイド 第 k 項を $k(k+1)$ と考えて，初項から第 n 項までの和を求め，$k=1$ のときの項である $1\cdot2$ を引く。

解答　$S=\sum_{k=2}^{n}k(k+1)=\sum_{k=1}^{n}k(k+1)-1\cdot2$

$=\sum_{k=1}^{n}k^2+\sum_{k=1}^{n}k-2$

$=\frac{1}{6}n(n+1)(2n+1)+\frac{1}{2}n(n+1)-2$

$=\frac{1}{6}\{n(n+1)(2n+1)+3n(n+1)-12\}$

$=\frac{1}{6}(2n^3+6n^2+4n-12)=\boldsymbol{\frac{1}{3}(n^3+3n^2+2n-6)}$

☐ **3**　次の数列 $\{a_n\}$ の一般項を求めよ。

教科書 p.31

(1)　1, 2, 6, 15, 31, 56, ……

(2)　1, −2, 7, −20, 61, −182, ……

ガイド　まず，数列 $\{a_n\}$ の階差数列を考える。

解答　(1)　この数列 $\{a_n\}$ の階差数列 $\{b_n\}$ は，

1, 4, 9, 16, 25, ……

である。

したがって，　$b_n=n^2$

よって，$n\geqq2$ のとき，

$a_n=a_1+\sum_{k=1}^{n-1}b_k=1+\sum_{k=1}^{n-1}k^2$

$=1+\frac{1}{6}(n-1)n\{2(n-1)+1\}$

$=1+\frac{1}{6}(n-1)n(2n-1)$

$=\frac{1}{6}\{6+(n-1)n(2n-1)\}$

$=\frac{1}{6}(2n^3-3n^2+n+6)$　……①

①に $n=1$ を代入すると，$\frac{1}{6}(2\cdot1^3-3\cdot1^2+1+6)=1$ となり，

初項 a_1 と一致する。

以上より，一般項は，　$\boldsymbol{a_n=\frac{1}{6}(2n^3-3n^2+n+6)}$

(2)　この数列 $\{a_n\}$ の階差数列 $\{b_n\}$ は,

$-3,\ 9,\ -27,\ 81,\ -243,\ \cdots\cdots$

であるから, 初項 -3, 公比 -3 の等比数列である。

したがって,　$b_n=-3\cdot(-3)^{n-1}=(-3)^n$

よって, $n\geqq 2$ のとき,

$$a_n=a_1+\sum_{k=1}^{n-1}b_k=1+\sum_{k=1}^{n-1}(-3)^k$$

$$=1+\frac{-3\{1-(-3)^{n-1}\}}{1-(-3)}=\frac{1}{4}\{1-(-3)^n\}\quad\cdots\cdots①$$

①に $n=1$ を代入すると, $\frac{1}{4}\{1-(-3)^1\}=1$ となり, 初項 a_1 と一致する。

以上より, 一般項は,　$\boldsymbol{a_n=\frac{1}{4}\{1-(-3)^n\}}$

☐ **4**　初項から第 n 項までの和 S_n が, 次の式で与えられる数列 $\{a_n\}$ の一般項を求めよ。

教科書 p.31

(1)　$S_n=n^3$　　　(2)　$S_n=\dfrac{n+1}{n+2}$

ガイド　$n\geqq 2$ のとき, $a_n=S_n-S_{n-1}$ であるが, これが $n=1$ のときも成り立つかどうかを確認する。

解答　(1)　$a_1=S_1=1^3=1$

$n\geqq 2$ のとき,

$$a_n=S_n-S_{n-1}$$
$$=n^3-(n-1)^3$$
$$=n^3-(n^3-3n^2+3n-1)$$
$$=3n^2-3n+1\quad\cdots\cdots①$$

①に $n=1$ を代入すると, $3\cdot1^2-3\cdot1+1=1$ となり, 初項 a_1 と一致する。

以上より, 一般項は,　$\boldsymbol{a_n=3n^2-3n+1}$

(2)　$a_1=S_1=\dfrac{1+1}{1+2}=\dfrac{2}{3}$

$n \geqq 2$ のとき,

$$\begin{aligned} a_n &= S_n - S_{n-1} \\ &= \frac{n+1}{n+2} - \frac{(n-1)+1}{(n-1)+2} \\ &= \frac{n+1}{n+2} - \frac{n}{n+1} \\ &= \frac{(n+1)^2 - n(n+2)}{(n+1)(n+2)} \\ &= \frac{1}{(n+1)(n+2)} \quad \cdots\cdots ① \end{aligned}$$

①に $n=1$ を代入すると, $\dfrac{1}{(1+1)(1+2)}=\dfrac{1}{6}$ となり, 初項 a_1 と一致しない。

以上より, 一般項は, $\boldsymbol{a_1=\dfrac{2}{3}}$

$n \geqq 2$ のとき, $a_n=\dfrac{1}{(n+1)(n+2)}$

5

教科書 p.31

次の和 S_n を求めよ。

$$S_n=\frac{1}{1\cdot4}+\frac{1}{4\cdot7}+\frac{1}{7\cdot10}+\cdots\cdots+\frac{1}{(3n-2)(3n+1)}$$

ガイド　各項を分数の差の形に変形して考える。

解答　$\dfrac{1}{3k-2}-\dfrac{1}{3k+1}=\dfrac{3}{(3k-2)(3k+1)}$ より,

$\dfrac{1}{(3k-2)(3k+1)}=\dfrac{1}{3}\left(\dfrac{1}{3k-2}-\dfrac{1}{3k+1}\right)$ が成り立つから,

$$S_n=\frac{1}{3}\left\{\left(\frac{1}{1}-\frac{1}{4}\right)+\left(\frac{1}{4}-\frac{1}{7}\right)+\left(\frac{1}{7}-\frac{1}{10}\right)+\cdots\cdots+\left(\frac{1}{3n-2}-\frac{1}{3n+1}\right)\right\}$$

$$=\frac{1}{3}\left(1-\frac{1}{3n+1}\right)=\boldsymbol{\frac{n}{3n+1}}$$

□ **6** 教科書 p.31

1，1+2，1+2+3，1+2+3+4，……，1+2+3+……+n を数列 $\{a_n\}$ とする。このとき，次のものを求めよ。

(1) 第 k 項 a_k　(2) $\displaystyle\sum_{k=1}^{n} a_k$　(3) $\displaystyle\sum_{k=1}^{n} \frac{1}{a_k}$

ガイド (1) 1 から k までの自然数の和である。

(3) $\dfrac{1}{a_k}$ を分数の差の形に変形して考える。

解答 (1) $\boldsymbol{a_k=1+2+3+\cdots\cdots+k=\dfrac{1}{2}k(k+1)}$

(2) $$\sum_{k=1}^{n} a_k=\sum_{k=1}^{n}\frac{1}{2}k(k+1)$$
$$=\frac{1}{2}\sum_{k=1}^{n}k^2+\frac{1}{2}\sum_{k=1}^{n}k$$
$$=\frac{1}{2}\cdot\frac{1}{6}n(n+1)(2n+1)+\frac{1}{2}\cdot\frac{1}{2}n(n+1)$$
$$=\frac{1}{12}n(n+1)(2n+1)+\frac{1}{4}n(n+1)$$
$$=\frac{1}{12}n(n+1)\{(2n+1)+3\}$$
$$=\boldsymbol{\frac{1}{6}n(n+1)(n+2)}$$

(3) $\dfrac{1}{k}-\dfrac{1}{k+1}=\dfrac{1}{k(k+1)}$ より，$\dfrac{2}{k(k+1)}=2\left(\dfrac{1}{k}-\dfrac{1}{k+1}\right)$ が成り立つから，

$$\sum_{k=1}^{n}\frac{1}{a_k}=\sum_{k=1}^{n}\frac{2}{k(k+1)}$$
$$=2\sum_{k=1}^{n}\left(\frac{1}{k}-\frac{1}{k+1}\right)$$
$$=2\left\{\left(\frac{1}{1}-\frac{1}{2}\right)+\left(\frac{1}{2}-\frac{1}{3}\right)+\left(\frac{1}{3}-\frac{1}{4}\right)+\cdots\cdots+\left(\frac{1}{n}-\frac{1}{n+1}\right)\right\}$$
$$=2\left(1-\frac{1}{n+1}\right)$$
$$=\boldsymbol{\frac{2n}{n+1}}$$

第1章 数列

☐ **7** 次の和 S_n を求めよ。

教科書 p.31

$$S_n=1\cdot1+3\cdot2+5\cdot2^2+\cdots\cdots+(2n-1)\cdot2^{n-1}$$

ガイド 各項が(等差数列)×(等比数列)の形をした数列の和になっているから，公比2を利用して，S_n-2S_n を計算する。そのとき，等比数列の和の形になっていない項に気をつける。

解答 $S_n=1\cdot1+3\cdot2+5\cdot2^2+7\cdot2^3+\cdots\cdots+(2n-1)\cdot2^{n-1}$ ……①

①の両辺に2を掛けると，

$$2S_n=\quad 1\cdot2+3\cdot2^2+5\cdot2^3+\cdots\cdots+(2n-3)\cdot2^{n-1}+(2n-1)\cdot2^n \quad \cdots\cdots②$$

$n\geqq2$ のとき，①−②より，

$$-S_n=1\cdot1+(2\cdot2+2\cdot2^2+2\cdot2^3+\cdots\cdots+2\cdot2^{n-1})-(2n-1)\cdot2^n \quad \cdots\cdots(*)$$

$$=1+\frac{2\cdot2(2^{n-1}-1)}{2-1}-(2n-1)\cdot2^n$$

$$=-(2n-3)\cdot2^n-3$$

したがって，$n\geqq2$ のとき，

$$S_n=(2n-3)\cdot2^n+3 \quad \cdots\cdots③$$

ここで，　$S_1=1\cdot1=1$

③に $n=1$ を代入すると，$(2\cdot1-3)\cdot2^1+3=1$ となり，S_1 と一致する。

以上より，　$\boldsymbol{S_n=(2n-3)\cdot2^n+3}$

注意 $(*)$ の $2\cdot2+2\cdot2^2+2\cdot2^3+\cdots\cdots+2\cdot2^{n-1}$ は，初項 $2\cdot2$，公比2，項数 $n-1$ の等比数列の和である。

項数が $n-1$ であることから，$n=1$ のときを分けて考える必要がある。

参考 $-S_n$ の計算は，次のように，等比数列の初項を付け加えて考えることもできる。

$$-S_n=1\cdot1+(2\cdot2+2\cdot2^2+2\cdot2^3+\cdots\cdots+2\cdot2^{n-1})-(2n-1)\cdot2^n$$

$$=1\cdot1+(\underset{\sim\sim}{2\cdot1}+2\cdot2+2\cdot2^2+\cdots\cdots+2\cdot2^{n-1})\underset{\sim\sim}{-2}-(2n-1)\cdot2^n$$

$$=1+\frac{2(2^n-1)}{2-1}-2-(2n-1)\cdot2^n$$

$$=-(2n-3)\cdot2^n-3$$

第3節 漸化式と数学的帰納法

1 漸化式

問35 次のように定められる数列 $\{a_n\}$ の初項から第5項までを求めよ。

教科書 p.32

(1) $a_1=4,\ a_{n+1}=2a_n-3$　　(2) $a_1=3,\ a_{n+1}=3a_n-n$

ガイド 数列 $\{a_n\}$ は，次の2つの条件(I)，(II)によって定まる。

(I) 初項 a_1

(II) a_n から a_{n+1} を定める関係式
ただし，$n=1,\ 2,\ 3,\ \cdots\cdots$

(II)のように，数列において，前の項から次の項を作る手続きを表す関係式を**漸化式**（ぜんかしき）という。

本問を含め，今後，漸化式は特に断らない限り，$n=1,\ 2,\ 3,\ \cdots\cdots$ で成り立つものとする。

解答 (1) $\boldsymbol{a_1=4}$，$\boldsymbol{a_2}=2a_1-3=2\cdot4-3=\boldsymbol{5}$，$\boldsymbol{a_3}=2a_2-3=2\cdot5-3=\boldsymbol{7}$，
$\boldsymbol{a_4}=2a_3-3=2\cdot7-3=\boldsymbol{11}$，$\boldsymbol{a_5}=2a_4-3=2\cdot11-3=\boldsymbol{19}$

(2) $\boldsymbol{a_1=3}$，$\boldsymbol{a_2}=3a_1-1=3\cdot3-1=\boldsymbol{8}$，$\boldsymbol{a_3}=3a_2-2=3\cdot8-2=\boldsymbol{22}$，
$\boldsymbol{a_4}=3a_3-3=3\cdot22-3=\boldsymbol{63}$，$\boldsymbol{a_5}=3a_4-4=3\cdot63-4=\boldsymbol{185}$

問36 次のように定められる数列 $\{a_n\}$ の一般項を求めよ。

教科書 p.32

(1) $a_1=3,\ a_{n+1}=a_n+4$　　(2) $a_1=5,\ a_{n+1}=3a_n$

ガイド $a_1=a,\ a_{n+1}=a_n+d$

で定められる数列は，初項 a，公差 d の等差数列である。

$a_1=a,\ a_{n+1}=ra_n$

で定められる数列は，初項 a，公比 r の等比数列である。

解答 (1) 初項3，公差4の等差数列であるから，

$\boldsymbol{a_n}=3+(n-1)\cdot4=\boldsymbol{4n-1}$

(2) 初項5，公比3の等比数列であるから，　$\boldsymbol{a_n=5\cdot3^{n-1}}$

問37 次のように定められる数列 $\{a_n\}$ の一般項を求めよ。

教科書 p.33

(1) $a_1=1,\ a_{n+1}=a_n+n^2-n$　　(2) $a_1=1,\ a_{n+1}=a_n+3\cdot2^{n-1}$

ガイド $a_{n+1}=a_n+(n$ の入った式) の形の漸化式は，数列 $\{a_n\}$ の階差数列を考える。

解答 (1) 数列 $\{a_n\}$ の階差数列を $\{b_n\}$ とすると，

$$b_n=a_{n+1}-a_n=n^2-n$$

したがって，$n\geqq2$ のとき，

$$a_n=a_1+\sum_{k=1}^{n-1}b_k=1+\sum_{k=1}^{n-1}(k^2-k)$$

$$=1+\frac{1}{6}(n-1)n\{2(n-1)+1\}-\frac{1}{2}(n-1)n$$

$$=\frac{1}{6}\{(n-1)n(2n-1)-3(n-1)n+6\}$$

$$=\frac{1}{6}(2n^3-6n^2+4n+6)$$

$$=\frac{1}{3}(n^3-3n^2+2n+3)\quad\cdots\cdots①$$

①に $n=1$ を代入すると，$\frac{1}{3}(1^3-3\cdot1^2+2\cdot1+3)=1$ となり，初項 a_1 と一致する。

以上より，　$\boldsymbol{a_n=\frac{1}{3}(n^3-3n^2+2n+3)}$

(2) 数列 $\{a_n\}$ の階差数列を $\{b_n\}$ とすると，

$$b_n=a_{n+1}-a_n=3\cdot2^{n-1}$$

したがって，$n\geqq2$ のとき，

$$a_n=a_1+\sum_{k=1}^{n-1}b_k=1+\sum_{k=1}^{n-1}3\cdot2^{k-1}$$

$$=1+\frac{3(2^{n-1}-1)}{2-1}$$

$$=3\cdot2^{n-1}-2\quad\cdots\cdots①$$

①に $n=1$ を代入すると，$3\cdot2^{1-1}-2=1$ となり，初項 a_1 と一致する。

以上より，　$\boldsymbol{a_n=3\cdot2^{n-1}-2}$

問38 次のような条件を満たす数列 $\{a_n\}$ の一般項を求めよ。

教科書 p.33

$$a_1=4,\ a_{n+1}-2=3(a_n-2)$$

ガイド まず，数列 $\{a_n-2\}$ がどのような数列かを考える。

解答 数列 $\{a_n-2\}$ は，初項 $a_1-2=4-2=2$，公比 3 の等比数列であるから，

$$a_n-2=2\cdot 3^{n-1}$$

よって，　$\boldsymbol{a_n=2\cdot 3^{n-1}+2}$

問39 次のように定められる数列 $\{a_n\}$ の一般項を求めよ。

教科書 p.34

(1) $a_1=2,\ a_{n+1}=2a_n+1$　　(2) $a_1=7,\ a_{n+1}=-2a_n+6$

ガイド 一般に，p，q が 0 でない定数で $p\neq 1$ のとき，漸化式 $a_{n+1}=pa_n+q$ は，$\alpha=p\alpha+q$ を満たす α を用いて次の形に変形することができる。

$$\begin{array}{rl} & a_{n+1}=pa_n+q \\ -) & \alpha\ =p\alpha+q \\ \hline & a_{n+1}-\alpha=p(a_n-\alpha) \end{array}$$

$$a_{n+1}-\alpha=p(a_n-\alpha)$$

(1) $\alpha=2\alpha+1$ より，　$\alpha=-1$

(2) $\alpha=-2\alpha+6$ より，　$\alpha=2$

解答 (1) $a_{n+1}=2a_n+1$ を変形すると，

$$a_{n+1}+1=2(a_n+1)$$

したがって，数列 $\{a_n+1\}$ は，初項 $a_1+1=2+1=3$，公比 2 の等比数列であるから，　$a_n+1=3\cdot 2^{n-1}$

よって，　$\boldsymbol{a_n=3\cdot 2^{n-1}-1}$

(2) $a_{n+1}=-2a_n+6$ を変形すると，

$$a_{n+1}-2=-2(a_n-2)$$

したがって，数列 $\{a_n-2\}$ は，初項 $a_1-2=7-2=5$，公比 -2 の等比数列であるから，　$a_n-2=5(-2)^{n-1}$

よって，　$\boldsymbol{a_n=5(-2)^{n-1}+2}$

問40 平面上に n 個の円があり，それらのどの2個も異なる2点で交わり，どの3個も1点で交わらないとき，これらの n 個の円によって平面が a_n 個の部分に分けられるとする。a_n を n を用いて表せ。

教科書 p.35

ガイド まず，$n=1, 2, 3, 4$ などの場合で考える。そして，a_n と a_{n+1} の間に成り立つ関係を調べる。

解答 1個の円によって平面は2個の部分に分けられるから，　$a_1=2$

n 個の円によって平面が a_n 個の部分に分けられているとき，$(n+1)$ 個目の円 C をかくと，円 C はすでにかかれている n 個の円と $2n$ 個の点で交わり，これらの交点によって，円 C は $2n$ 個の弧に分けられる。

この $2n$ 個の弧は，それぞれ平面の部分を2個に分けるから，平面の分けられる部分の個数は $2n$ 個増え，

$$a_{n+1}=a_n+2n$$

が成り立つ。

この数列 $\{a_n\}$ の階差数列を $\{b_n\}$ とすると，

$$b_n=a_{n+1}-a_n=2n$$

よって，$n \geqq 2$ のとき，

$$a_n=a_1+\sum_{k=1}^{n-1}2k=2+2\cdot\frac{1}{2}(n-1)n$$

$$=n^2-n+2 \quad \cdots\cdots①$$

①に $n=1$ を代入すると，$1^2-1+2=2$ となり，初項 a_1 と一致する。

以上より，　$\boldsymbol{a_n=n^2-n+2}$

参考 $n=1, 2, 3$ の場合，次のようになる。

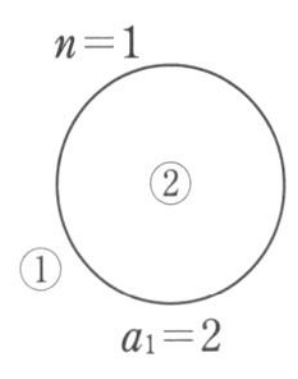

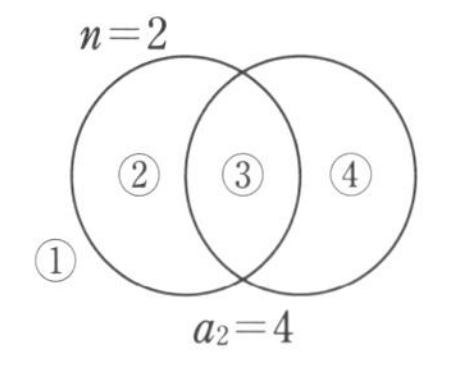

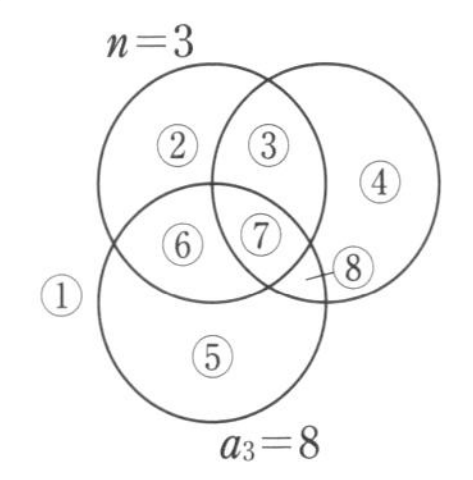

研究　確率と漸化式

問題　数直線上で，点Pは原点を出発点とし，1個のさいころを投げて，3の倍数の目が出たときは正の方向へ1だけ進み，それ以外の目が出たときは正の方向へ2だけ進むものとする。さいころをn回投げたとき，Pの座標が偶数である確率をa_nとする。このとき，a_nを求めよ。

教科書 p.36

ガイド　$(n+1)$回目でPの座標が偶数になる場合を考え，a_nとa_{n+1}の間に成り立つ関係を調べる。

解答　a_1は1回の試行で，3の倍数以外の目が出る確率であるから，

$$a_1=\frac{4}{6}=\frac{2}{3}$$

$(n+1)$回目でPの座標が偶数になるのは，次の2通りである。

(i)　n回の試行でPの座標が偶数で，$(n+1)$回目に3の倍数以外の目が出る。

(ii)　n回の試行でPの座標が奇数で，$(n+1)$回目に3の倍数の目が出る。

n回		$(n+1)$回
偶数 (a_n)	3の倍数以外の目 $\left(\frac{2}{3}\right)$ →	偶数 (a_{n+1})
奇数 $(1-a_n)$	3の倍数の目 $\left(\frac{1}{3}\right)$ →	偶数 (a_{n+1})

これらの事象は排反であるから，

$$a_{n+1}=a_n\times\frac{2}{3}+(1-a_n)\times\frac{1}{3}$$

$$=\frac{1}{3}a_n+\frac{1}{3}$$

この式を変形すると，　$a_{n+1}-\frac{1}{2}=\frac{1}{3}\left(a_n-\frac{1}{2}\right)$

したがって，数列$\left\{a_n-\frac{1}{2}\right\}$は，初項 $a_1-\frac{1}{2}=\frac{2}{3}-\frac{1}{2}=\frac{1}{6}$，公比$\frac{1}{3}$の等比数列であるから，　$a_n-\frac{1}{2}=\frac{1}{6}\left(\frac{1}{3}\right)^{n-1}$

よって，　$\boldsymbol{a_n=\frac{1}{6}\left(\frac{1}{3}\right)^{n-1}+\frac{1}{2}}$

2 数学的帰納法

問41 n が自然数のとき，数学的帰納法を用いて，次の等式を証明せよ。

教科書 p.38

$$1^3+2^3+3^3+\cdots\cdots+n^3=\left\{\frac{1}{2}n(n+1)\right\}^2$$

ガイド

ここがポイント **[数学的帰納法]**

自然数 n を含んだ命題 P が，すべての自然数 n について成り立つことを証明するには，次の2つのことを示せばよい。

(I) $n=1$ のとき P が成り立つ。

(II) $n=k$ のとき P が成り立つと仮定すると，
$n=k+1$ のときも P が成り立つ。

このような証明法を**数学的帰納法**という。

解答 与えられた等式を①とおく。

(I) $n=1$ のとき，　(①の左辺)$=1^3=1$

(①の右辺)$=\left\{\frac{1}{2}\cdot1\cdot(1+1)\right\}^2=1$

よって，①は成り立つ。

(II) $n=k$ のときの①，すなわち，

$$1^3+2^3+3^3+\cdots\cdots+k^3=\left\{\frac{1}{2}k(k+1)\right\}^2 \quad \cdots\cdots②$$

が成り立つと仮定する。

②を用いて，$n=k+1$ のときの①の左辺を変形すると，

$$1^3+2^3+3^3+\cdots\cdots+k^3+(k+1)^3$$
$$=\left\{\frac{1}{2}k(k+1)\right\}^2+(k+1)^3$$
$$=\frac{1}{4}k^2(k+1)^2+(k+1)^3=\frac{1}{4}(k+1)^2\{k^2+4(k+1)\}$$
$$=\frac{1}{4}(k+1)^2(k^2+4k+4)=\frac{1}{4}(k+1)^2(k+2)^2$$
$$=\left\{\frac{1}{2}(k+1)(k+2)\right\}^2=\left[\frac{1}{2}(k+1)\{(k+1)+1\}\right]^2$$

よって，$n=k+1$ のときも①は成り立つ。

(I)，(II)より，①はすべての自然数 n について成り立つ。

問42 n が 2 以上の自然数のとき，次の不等式を証明せよ。

教科書 p.39

$$3^n > 2n+4$$

ガイド 数学的帰納法の(I)として，$n=2$ のとき成り立つことを示す。

(II)として，$3^{k+1} > 2(k+1)+4$ が成り立つことを示す。

解答 与えられた不等式を①とおく。

(I)　$n=2$ のとき，　(①の左辺)$=3^2=9$

(①の右辺)$=2\cdot 2+4=8$

よって，①は成り立つ。

(II)　$k \geqq 2$ として，$n=k$ のときの①，すなわち，

$3^k > 2k+4$　……②

が成り立つと仮定する。

②を用いて，$n=k+1$ のときの①の両辺の差を考えると，

$$\begin{aligned} 3^{k+1}-\{2(k+1)+4\} &= 3\cdot 3^k-2k-6 \\ &> 3(2k+4)-2k-6 \\ &= 4k+6 \\ &= 2(2k+3) > 0 \end{aligned}$$

よって，$3^{k+1} > 2(k+1)+4$ が成り立つ。

すなわち，$n=k+1$ のときも①は成り立つ。

(I)，(II)より，①は 2 以上の自然数 n について成り立つ。

参考 数列 $\{3^n\}$ は指数関数 $y=3^x$，数列 $\{2n+4\}$ は 1 次関数 $y=2x+4$ の自然数 n における値を定める数列とみなすことができる。

右の図から，2 以上の実数 x で，$3^x > 2x+4$ が成り立つことが見てとれる。

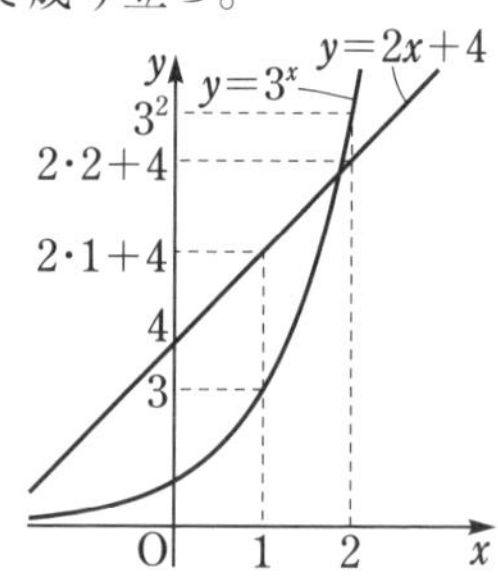

問43 n が自然数のとき，$4n^3-n$ は3の倍数であることを数学的帰納法を用いて証明せよ。

教科書 p.40

ガイド 自然数 N が3の倍数であるということは，ある自然数 m を用いて，$N=3m$ の形で表されるということである。

解答 「$4n^3-n$ は3の倍数である」を①とおく。

(I) $n=1$ のとき，$4\cdot1^3-1=3$ となり，①は成り立つ。

(II) $n=k$ のときの①，すなわち，「$4k^3-k$ は3の倍数である」が成り立つと仮定すると，ある自然数 m を用いて，

$$4k^3-k=3m \quad \cdots\cdots②$$

と表すことができる。

$n=k+1$ のとき，②より，

$$\begin{aligned}&4(k+1)^3-(k+1)\\&=4k^3+12k^2+12k+4-k-1\\&=(4k^3-k)+12k^2+12k+3\\&=3m+3(4k^2+4k+1)\\&=3(m+4k^2+4k+1)\end{aligned}$$

$m+4k^2+4k+1$ は自然数であるから，$3(m+4k^2+4k+1)$ は3の倍数である。

よって，$n=k+1$ のときも①は成り立つ。

(I)，(II)より，①はすべての自然数 n について成り立つ。

仮定②を利用して，$n=k+1$ のときも①が成り立つことを示しているね。

問44 次のように定められる数列 $\{a_n\}$ の一般項を推定し，それが正しいことを数学的帰納法を用いて証明せよ。

教科書 p.41

$$a_1=2,\ a_n+a_{n+1}=2n+3$$

ガイド 実際に $n=1,\ 2,\ 3,\ \cdots\cdots$ といくつか代入して，数列 $\{a_n\}$ の一般項を推定する。そして，推定した式が $n=k$ のときに成り立つと仮定して，漸化式を用いて，$n=k+1$ のときも成り立つことを示す。

解答 与えられた条件より，$a_{n+1}=-a_n+2n+3$ であるから，

$$a_1=2$$
$$a_2=-a_1+2\cdot1+3=-2+2+3=3$$
$$a_3=-a_2+2\cdot2+3=-3+4+3=4$$
$$a_4=-a_3+2\cdot3+3=-4+6+3=5$$
$$a_5=-a_4+2\cdot4+3=-5+8+3=6$$
$$\cdots\cdots$$

これらから，数列 $\{a_n\}$ の一般項は次のように推定される。

$\boldsymbol{a_n=n+1}$ ……①

この推定が正しいことを，数学的帰納法で証明する。

(I) $n=1$ のとき，①において $a_1=1+1=2$ となり，初項の $a_1=2$ と一致する。

よって，①は成り立つ。

(II) $n=k$ のときの①，すなわち，

$a_k=k+1$ ……②

が成り立つと仮定する。

このとき，与えられた漸化式と②より，

$$\begin{aligned}a_{k+1}&=-a_k+2k+3\\&=-(k+1)+2k+3\\&=k+2\\&=(k+1)+1\end{aligned}$$

したがって，$n=k+1$ のときも①は成り立つ。

(I)，(II)より，①はすべての自然数 n について成り立つ。

よって，数列 $\{a_n\}$ の一般項は，

$$a_n=n+1$$

節末問題

第３節｜漸化式と数学的帰納法

1

教科書 p.42

次のように定められる数列 $\{a_n\}$ の一般項を求めよ。

(1) $a_1=1,\ a_{n+1}=a_n+4^n$

(2) $a_1=6,\ 3a_{n+1}=2a_n+1$

ガイド (1) 数列 $\{a_n\}$ の階差数列を考える。

(2) $a_{n+1}-\alpha=p(a_n-\alpha)$ の形に変形する。

$3\alpha=2\alpha+1$ より，　$\alpha=1$

解答 (1) 数列 $\{a_n\}$ の階差数列を $\{b_n\}$ とすると，

$$b_n=a_{n+1}-a_n=4^n$$

したがって，$n\geqq 2$ のとき，

$$a_n=a_1+\sum_{k=1}^{n-1}b_k=1+\sum_{k=1}^{n-1}4^k$$

$$=1+\frac{4(4^{n-1}-1)}{4-1}$$

$$=\frac{1}{3}(4^n-1)\quad\cdots\cdots①$$

①に $n=1$ を代入すると，$\frac{1}{3}(4^1-1)=1$ となり，初項 a_1 と一致する。

以上より，　$\boldsymbol{a_n=\frac{1}{3}(4^n-1)}$

(2) $3a_{n+1}=2a_n+1$ を変形すると，

$$a_{n+1}-1=\frac{2}{3}(a_n-1)$$

したがって，数列 $\{a_n-1\}$ は，初項 $a_1-1=6-1=5$，公比 $\frac{2}{3}$ の等比数列であるから，　$a_n-1=5\left(\frac{2}{3}\right)^{n-1}$

よって，　$\boldsymbol{a_n=5\left(\frac{2}{3}\right)^{n-1}+1}$

□ **2**

教科書 p.42

$a_1=3$，$a_{n+1}=3a_n+2^n$ で定められる数列 $\{a_n\}$ について，次の問いに答えよ。

(1) $\dfrac{a_n}{2^n}=b_n$ とおくとき，b_{n+1} と b_n の関係式を求めよ。

(2) 数列 $\{a_n\}$ の一般項を求めよ。

ガイド (1) 与えられた漸化式の両辺を 2^{n+1} で割る。

(2) (1)の漸化式から，まず数列 $\{b_n\}$ の一般項を求める。

解答 (1) $a_{n+1}=3a_n+2^n$ の両辺を 2^{n+1} で割ると，

$$\frac{a_{n+1}}{2^{n+1}}=\frac{3}{2}\cdot\frac{a_n}{2^n}+\frac{1}{2}$$

よって，$\dfrac{a_n}{2^n}=b_n$ とおくと，　$\boldsymbol{b_{n+1}=\dfrac{3}{2}b_n+\dfrac{1}{2}}$

(2) $b_{n+1}=\dfrac{3}{2}b_n+\dfrac{1}{2}$ を変形すると，

$$b_{n+1}+1=\frac{3}{2}(b_n+1)$$

したがって，数列 $\{b_n+1\}$ は，初項

$b_1+1=\dfrac{a_1}{2^1}+1=\dfrac{3}{2}+1=\dfrac{5}{2}$，公比 $\dfrac{3}{2}$

の等比数列であるから，　$b_n+1=\dfrac{5}{2}\left(\dfrac{3}{2}\right)^{n-1}$

よって，　$b_n=\dfrac{5}{2}\left(\dfrac{3}{2}\right)^{n-1}-1$

$b_n=\dfrac{a_n}{2^n}$ より，

$$\boldsymbol{a_n}=2^nb_n=2^n\left\{\frac{5}{2}\left(\frac{3}{2}\right)^{n-1}-1\right\}\boldsymbol{=5\cdot3^{n-1}-2^n}$$

□ **3**

教科書 p.42

$a_1=1$，$a_{n+1}=\dfrac{a_n}{2a_n+1}$ で定められる数列 $\{a_n\}$ について，次の問いに答えよ。

(1) $\dfrac{1}{a_n}=b_n$ とおくとき，b_{n+1} と b_n の関係式を求めよ。

(2) 数列 $\{a_n\}$ の一般項を求めよ。

ガイド　(1)　与えられた漸化式の両辺の逆数をとり，$\dfrac{1}{a_{n+1}}$ を考える。

(2)　(1)の漸化式から，まず数列 $\{b_n\}$ の一般項を求める。

解答　(1)　$a_1>0$ と与えられた漸化式より，　$a_n>0$

したがって，$a_n \neq 0$ より，$a_{n+1}=\dfrac{a_n}{2a_n+1}$ の両辺の逆数をとると，

$$\frac{1}{a_{n+1}}=\frac{2a_n+1}{a_n}=2+\frac{1}{a_n}$$

よって，$\dfrac{1}{a_n}=b_n$ とおくと，　$\boldsymbol{b_{n+1}=b_n+2}$

(2)　数列 $\{b_n\}$ は，初項 $b_1=\dfrac{1}{a_1}=\dfrac{1}{1}=1$，公差2の等差数列であるから，

$$b_n=1+(n-1)\cdot 2=2n-1$$

よって，$b_n=\dfrac{1}{a_n}$ より，　$\boldsymbol{a_n=\dfrac{1}{b_n}=\dfrac{1}{2n-1}}$

4　教科書 p.42

数学的帰納法を用いて，次の等式，不等式を証明せよ。

(1)　n が自然数のとき，

$$1^2+3^2+5^2+\cdots\cdots+(2n-1)^2=\frac{1}{3}n(2n-1)(2n+1)$$

(2)　n が5以上の自然数のとき，　$2^n>n^2+2$

ガイド　(1)　$n=k$ のときに等式が成り立つと仮定して，$n=k+1$ のときの等式が成り立つことを示す。

(2)　数学的帰納法の(I)として，$n=5$ のとき成り立つことを証明すればよい。

解答　(1)　与えられた等式を①とおく。

(I)　$n=1$ のとき，

$$(\text{①の左辺})=(2\cdot 1-1)^2=1$$

$$(\text{①の右辺})=\frac{1}{3}\cdot 1\cdot(2\cdot 1-1)(2\cdot 1+1)=1$$

よって，①は成り立つ。

(II) $n=k$ のときの①，すなわち，

$$1^2+3^2+5^2+\cdots\cdots+(2k-1)^2=\frac{1}{3}k(2k-1)(2k+1)$$

……②

が成り立つと仮定する。

②を用いて，$n=k+1$ のときの①の左辺を変形すると，

$$1^2+3^2+5^2+\cdots\cdots+(2k-1)^2+\{2(k+1)-1\}^2$$
$$=\frac{1}{3}k(2k-1)(2k+1)+(2k+1)^2$$
$$=\frac{1}{3}(2k+1)\{k(2k-1)+3(2k+1)\}$$
$$=\frac{1}{3}(2k+1)(2k^2+5k+3)=\frac{1}{3}(2k+1)(k+1)(2k+3)$$
$$=\frac{1}{3}(k+1)\{2(k+1)-1\}\{2(k+1)+1\}$$

よって，$n=k+1$ のときも①は成り立つ。

(I)，(II)より，①はすべての自然数 n について成り立つ。

(2) 与えられた不等式を①とおく。

(I) $n=5$ のとき，

(①の左辺)$=2^5=32$

(①の右辺)$=5^2+2=27$

よって，①は成り立つ。

(II) $k\geqq5$ として，$n=k$ のときの①，すなわち，

$2^k>k^2+2$ ……②

が成り立つと仮定する。

②を用いて，$n=k+1$ のときの①の両辺の差を考えると，

$$\begin{aligned}2^{k+1}-\{(k+1)^2+2\}&=2\cdot2^k-k^2-2k-3\\&>2(k^2+2)-k^2-2k-3\\&=k^2-2k+1\\&=(k-1)^2>0\end{aligned}$$

よって，$2^{k+1}>(k+1)^2+2$ が成り立つ。

すなわち，$n=k+1$ のときも①は成り立つ。

(I)，(II)より，①は5以上の自然数 n について成り立つ。

□ **5** 教科書 p.42

nが自然数のとき，$3^{2n}-1$は8の倍数であることを数学的帰納法を用いて証明せよ。

ガイド 自然数Nが8の倍数であるということは，ある自然数mを用いて，$N=8m$ の形で表されるということである。

解答 「$3^{2n}-1$は8の倍数である」を①とおく。

(I) $n=1$ のとき，$3^{2\cdot1}-1=8$ となり，①は成り立つ。

(II) $n=k$ のときの①，すなわち，「$3^{2k}-1$は8の倍数である」が成り立つと仮定すると，ある自然数mを用いて，

$$3^{2k}-1=8m \quad \cdots\cdots②$$

と表すことができる。

$n=k+1$ のとき，②より，

$$\begin{aligned}3^{2(k+1)}-1&=3^2\cdot3^{2k}-1\\&=9\cdot3^{2k}-9+9-1\\&=9(\underset{\sim\sim\sim}{3^{2k}-1})+8\\&=9\cdot\underset{\sim\sim}{8m}+8\\&=8(9m+1)\end{aligned}$$

$9m+1$は自然数であるから，$8(9m+1)$は8の倍数である。

よって，$n=k+1$ のときも①は成り立つ。

(I)，(II)より，①はすべての自然数nについて成り立つ。

研究　隣接3項間の漸化式　発展

□**問題1** 教科書 p.45

次のように定められる数列$\{a_n\}$の一般項を求めよ。

$$a_1=2,\ a_2=9,\ a_{n+2}=5a_{n+1}-6a_n$$

ガイド 隣接する3項間の漸化式

$$a_{n+2}=pa_{n+1}+qa_n \quad (p,\ q\text{は0でない定数})$$

は，$x^2=px+q$ が異なる2つの実数解をもつとき，その2つの解α，βを用いて，

$$\begin{cases}a_{n+2}-\alpha a_{n+1}=\beta(a_{n+1}-\alpha a_n)\\a_{n+2}-\beta a_{n+1}=\alpha(a_{n+1}-\beta a_n)\end{cases}$$

の2通りに変形することができる。

$$\underset{x^2}{a_{n+2}}=p\underset{x}{a_{n+1}}+q\underset{1}{a_n}$$

前ページの2式より，数列 $\{a_{n+1}-\alpha a_n\}$ と数列 $\{a_{n+1}-\beta a_n\}$ はともに等比数列であるから，これらの数列の一般項を求め，a_{n+1} を消去して，a_n を求めることができる。

本問では，$a_{n+2}-\alpha a_{n+1}=\beta(a_{n+1}-\alpha a_n)$ の形に変形するために，2次方程式 $x^2=5x-6$ を解き，α，β を求める。

$x^2-5x+6=0$ より，　$x=2,\ 3$

解答 与えられた漸化式は，次の2通りに変形することができる。

$$\begin{cases} a_{n+2}-2a_{n+1}=3(a_{n+1}-2a_n) & \cdots\cdots① \\ a_{n+2}-3a_{n+1}=2(a_{n+1}-3a_n) & \cdots\cdots② \end{cases}$$

①より，数列 $\{a_{n+1}-2a_n\}$ は，初項 $a_2-2a_1=9-2\cdot2=5$，公比3の等比数列であるから，

$$a_{n+1}-2a_n=5\cdot3^{n-1} \quad \cdots\cdots③$$

②より，数列 $\{a_{n+1}-3a_n\}$ は，初項 $a_2-3a_1=9-3\cdot2=3$，公比2の等比数列であるから，

$$a_{n+1}-3a_n=3\cdot2^{n-1} \quad \cdots\cdots④$$

③−④より，数列 $\{a_n\}$ の一般項は，

$$\boldsymbol{a_n=5\cdot3^{n-1}-3\cdot2^{n-1}}$$

問題2 次のように定められる数列 $\{a_n\}$ について，次の問いに答えよ。

教科書 p.45

$$a_1=1,\ a_2=4,\ a_{n+2}=6a_{n+1}-9a_n$$

(1) $a_{n+1}-3a_n=3^{n-1}$ であることを示せ。

(2) $\dfrac{a_n}{3^n}=b_n$ とおくとき，数列 $\{b_n\}$ の一般項を求めよ。

(3) 数列 $\{a_n\}$ の一般項を求めよ。

ガイド $a_{n+2}-\alpha a_{n+1}=\beta(a_{n+1}-\alpha a_n)$ の形に変形するために2次方程式 $x^2=6x-9$，すなわち，$x^2-6x+9=0$ を解くと，$x=3$（重解）となり，**問題1** と同じ方法では数列 $\{a_n\}$ の一般項を求めることはできないが，$\dfrac{a_n}{3^n}=b_n$ とおくと，数列 $\{b_n\}$ の一般項を求めてから数列 $\{a_n\}$ の一般項を求めることができる。

解答 (1) $a_{n+2}=6a_{n+1}-9a_n$ を変形すると，

$$a_{n+2}-3a_{n+1}=3(a_{n+1}-3a_n)$$

したがって，数列 $\{a_{n+1}-3a_n\}$ は，初項 $a_2-3a_1=4-3\cdot1=1$，公比 3 の等比数列であるから，

$$a_{n+1}-3a_n=1\cdot3^{n-1}=3^{n-1}$$

(2) $a_{n+1}-3a_n=3^{n-1}$ の両辺を 3^{n+1} で割ると，

$$\frac{a_{n+1}}{3^{n+1}}-\frac{a_n}{3^n}=\frac{1}{9}$$

$\dfrac{a_n}{3^n}=b_n$ とおくと，　$b_{n+1}-b_n=\dfrac{1}{9}$

よって，数列 $\{b_n\}$ は，初項 $b_1=\dfrac{a_1}{3^1}=\dfrac{1}{3}$，公差 $\dfrac{1}{9}$ の等差数列であるから，　$\boldsymbol{b_n}=\dfrac{1}{3}+(n-1)\cdot\dfrac{1}{9}=\boldsymbol{\dfrac{n+2}{9}}$

(3) $b_n=\dfrac{a_n}{3^n}$ より，

$$\boldsymbol{a_n}=3^nb_n=3^n\cdot\frac{n+2}{9}=\boldsymbol{(n+2)3^{n-2}}$$

参考 **問題 2** のように，漸化式を $a_{n+2}-\alpha a_{n+1}=\beta(a_{n+1}-\alpha a_n)$ の形に変形するために 2 次方程式 $x^2=px+q$ を解くと，$x=\alpha\ (=\beta)$ と重解になる場合，漸化式は，

$$a_{n+2}-\alpha a_{n+1}=\alpha(a_{n+1}-\alpha a_n)$$

と変形できる。

数列 $\{a_{n+1}-\alpha a_n\}$ は，初項 $a_2-\alpha a_1$，公比 α の等比数列であるから，

$$a_{n+1}-\alpha a_n=(a_2-\alpha a_1)\cdot\alpha^{n-1}\quad\cdots\cdots①$$

①の両辺を α^{n+1} で割ると，

$$\frac{a_{n+1}}{\alpha^{n+1}}-\frac{a_n}{\alpha^n}=\frac{a_2-\alpha a_1}{\alpha^2}$$

$\dfrac{a_n}{\alpha^n}=b_n$ とおくと，

$$b_{n+1}-b_n=\frac{a_2-\alpha a_1}{\alpha^2}$$

となり，数列 $\{b_n\}$ は等差数列であるから，その一般項を求めることができる。

章末問題

A

☐ 1. 教科書 p.46

初項が 10, 末項が 50 で, 項数が n の等差数列をつくると, 和は 900 となった。このとき, n の値と公差を求めよ。

ガイド 項数 n を求め, 項数と末項から公差を求める。

解答 初項 10, 末項 50, 項数 n の等差数列であり, 和が 900 であるから,

$$\frac{1}{2}n(10+50)=900$$

よって, $n=30$

末項は第 30 項であるから, 公差を d とすると,

$$10+(30-1)\cdot d=50$$

したがって, $d=\frac{40}{29}$

よって, $\boldsymbol{n=30}$, **公差** $\boldsymbol{\frac{40}{29}}$

☐ 2. 教科書 p.46

第 4 項が 91, 第 10 項が 73 である等差数列の初項から第 n 項までの和を S_n とする。このとき, 次の問いに答えよ。

(1) S_n が最大となるときの n の値, およびそのときの S_n を求めよ。

(2) $S_n>0$ となる n の最大値を求めよ。

ガイド (1) 等差数列の一般項を求め, 一般項が 0 以上となる n の値の範囲を考える。

(2) S_n を求め, $S_n>0$ となる n の値の範囲を考える。

解答 (1) この等差数列 $\{a_n\}$ の初項を a, 公差を d とすると,

$a_4=91$ より, $a+3d=91$

$a_{10}=73$ より, $a+9d=73$

これらを連立して解くと, $d=-3$, $a=100$

これより, $a_n=100+(n-1)\cdot(-3)=-3n+103$

$a_n=-3n+103\geqq 0$ となるのは，$n\leqq\dfrac{103}{3}=34.3\cdots\cdots$ のときであるから，$\{a_n\}$ は第 34 項までは正であり，第 35 項以降は負である。

したがって，$\boldsymbol{n=34}$ のとき，S_n が最大となり，

$$S_{34}=\frac{1}{2}\cdot 34\cdot\{2\cdot 100+(34-1)\cdot(-3)\}=\mathbf{1717}$$

(2) $S_n=\dfrac{1}{2}n\{2\cdot 100+(n-1)\cdot(-3)\}=-\dfrac{1}{2}n(3n-203)$

$S_n=-\dfrac{1}{2}n(3n-203)>0$ となるのは，$0<n<\dfrac{203}{3}$ のときである。

$\dfrac{203}{3}=67.6\cdots\cdots$ より，$S_n>0$ を満たす自然数 n の最大値は，

$\boldsymbol{n=67}$

☑ **3.** 教科書 p.46

3 つの実数 a，b，ab は，この順に等差数列となり，順序を換えると等比数列となる。このとき，a，b の値を求めよ。ただし，$a>0$，$b<0$ とする。

ガイド $a>0$，$b<0$ より，a，b，ab はどの順に等比数列になるかを考える。

解答 a，b，ab がこの順に等差数列となるから，

$2b=a+ab$ ……①

初項，公比が 0 でない等比数列において，初項と第 3 項の符号は一致し，$a>0$，$b<0$，$ab<0$ であるから，a が第 2 項である。

よって，　$a^2=b\cdot ab$

$a\neq 0$ であるから，　$a=b^2$ ……②

②を①に代入して，

$2b=b^2+b^3$

$b^3+b^2-2b=0$

$b(b^2+b-2)=0$

$b(b+2)(b-1)=0$

$b<0$ であるから，　$b=-2$

②より，　$a=4$

よって，　$\boldsymbol{a=4}$，$\boldsymbol{b=-2}$

4. 教科書 p.46

次の和を求めよ。

(1) $\displaystyle\sum_{k=1}^{n-1}\left(\frac{1}{2}\right)^{2k+1}$ (2) $\displaystyle\sum_{k=1}^{n}\frac{1}{k(k+2)}$

ガイド (2) $\dfrac{1}{k(k+2)}$ を分数の差の形に変形して考える。

解答 (1) $\displaystyle\sum_{k=1}^{n-1}\left(\frac{1}{2}\right)^{2k+1}=\sum_{k=1}^{n-1}\frac{1}{2}\left(\frac{1}{4}\right)^{k}=\sum_{k=1}^{n-1}\frac{1}{8}\left(\frac{1}{4}\right)^{k-1}$

$$=\frac{\frac{1}{8}\left\{1-\left(\frac{1}{4}\right)^{n-1}\right\}}{1-\frac{1}{4}}=\boldsymbol{\frac{1}{6}\left\{1-\left(\frac{1}{4}\right)^{n-1}\right\}}$$

(2) $\dfrac{1}{k}-\dfrac{1}{k+2}=\dfrac{2}{k(k+2)}$ より，$\dfrac{1}{k(k+2)}=\dfrac{1}{2}\left(\dfrac{1}{k}-\dfrac{1}{k+2}\right)$ が成り立つから，$n\geqq2$ のとき，

$$\sum_{k=1}^{n}\frac{1}{k(k+2)}=\frac{1}{2}\sum_{k=1}^{n}\left(\frac{1}{k}-\frac{1}{k+2}\right)$$

$$=\frac{1}{2}\left\{\left(\frac{1}{1}-\frac{1}{3}\right)+\left(\frac{1}{2}-\frac{1}{4}\right)+\left(\frac{1}{3}-\frac{1}{5}\right)+\left(\frac{1}{4}-\frac{1}{6}\right)\right.$$

$$\left.+\cdots\cdots+\left(\frac{1}{n-1}-\frac{1}{n+1}\right)+\left(\frac{1}{n}-\frac{1}{n+2}\right)\right\}$$

$$=\frac{1}{2}\left(1+\frac{1}{2}-\frac{1}{n+1}-\frac{1}{n+2}\right)$$

$$=\frac{1}{2}\cdot\frac{3(n+1)(n+2)-2(n+2)-2(n+1)}{2(n+1)(n+2)}$$

$$=\frac{3n^2+5n}{4(n+1)(n+2)}$$

$$=\frac{n(3n+5)}{4(n+1)(n+2)} \quad\cdots\cdots①$$

①に $n=1$ を代入すると，$\dfrac{1\cdot(3\cdot1+5)}{4(1+1)(1+2)}=\dfrac{1}{3}$ となり，これは $\dfrac{1}{1\cdot(1+2)}=\dfrac{1}{3}$ と一致する。

よって，求める和は，$\boldsymbol{\dfrac{n(3n+5)}{4(n+1)(n+2)}}$

☐ 5. 教科書 p.46

数列 $\{a_n\}$ の初項から第 n 項までの和 S_n が,

$$S_n=2a_n-n$$

で与えられるとき，次の問いに答えよ。

(1) a_1 を求めよ。

(2) S_{n+1} と S_n を考えることにより，a_{n+1} を a_n の式で表せ。

(3) a_n を n の式で表せ。

ガイド (1) $S_1=a_1$ を利用する。

(2) $S_{n+1}-S_n=a_{n+1}$ を利用する。

解答 (1) $S_n=2a_n-n$ より，　$S_1=2a_1-1$

$S_1=a_1$ より，　$a_1=2a_1-1$

よって，　$\boldsymbol{a_1=1}$

(2) $S_{n+1}-S_n=\{2a_{n+1}-(n+1)\}-(2a_n-n)=2a_{n+1}-2a_n-1$

$S_{n+1}-S_n=a_{n+1}$ より，　$a_{n+1}=2a_{n+1}-2a_n-1$

よって，　$\boldsymbol{a_{n+1}=2a_n+1}$

(3) $a_{n+1}=2a_n+1$ を変形すると，　$a_{n+1}+1=2(a_n+1)$

したがって，数列 $\{a_n+1\}$ は，初項 $a_1+1=1+1=2$，公比 2 の等比数列であるから，　$a_n+1=2\cdot2^{n-1}=2^n$

よって，　$\boldsymbol{a_n=2^n-1}$

☐ 6. 教科書 p.47

次のように定められる数列 $\{a_n\}$ について，次の問いに答えよ。

$$a_1=\frac{1}{2},\ a_{n+1}=\frac{1}{2-a_n}\quad (n=1,\ 2,\ 3,\ \cdots\cdots)$$

(1) a_n を順次計算して，数列 $\{a_n\}$ の一般項を推定せよ。

(2) (1)の推定が正しいことを数学的帰納法を用いて証明せよ。

ガイド (2) $n=k$ のときに(1)の推定が成り立つと仮定して，$n=k+1$ のときの(1)の推定が成り立つことを与えられた漸化式を用いて示す。

解答 (1) 与えられた条件より，

$$a_1=\frac{1}{2},\ a_2=\frac{1}{2-a_1}=\frac{1}{2-\frac{1}{2}}=\frac{2}{3},\ a_3=\frac{1}{2-a_2}=\frac{1}{2-\frac{2}{3}}=\frac{3}{4},$$

$$a_4=\frac{1}{2-a_3}=\frac{1}{2-\frac{3}{4}}=\frac{4}{5},\ a_5=\frac{1}{2-a_4}=\frac{1}{2-\frac{4}{5}}=\frac{5}{6},\ \cdots\cdots$$

これらから，数列 $\{a_n\}$ の一般項は次のように推定される。

$$\boldsymbol{a_n=\frac{n}{n+1}} \quad \cdots\cdots①$$

(2)　(I)　$n=1$ のとき，①において $a_1=\dfrac{1}{1+1}=\dfrac{1}{2}$ となり，初項の

$a_1=\dfrac{1}{2}$ と一致する。よって，①は成り立つ。

(II)　$n=k$ のときの①，すなわち，

$$a_k=\frac{k}{k+1} \quad \cdots\cdots②$$

が成り立つと仮定する。

$n=k+1$ のとき，与えられた漸化式と②より，

$$a_{k+1}=\frac{1}{2-a_k}$$

$$=\frac{1}{2-\frac{k}{k+1}}=\frac{k+1}{2(k+1)-k}$$

$$=\frac{k+1}{k+2}=\frac{k+1}{(k+1)+1}$$

したがって，$n=k+1$ のときも①は成り立つ。

(I)，(II)より，①はすべての自然数 n について成り立つ。

よって，数列 $\{a_n\}$ の一般項は，　$a_n=\dfrac{n}{n+1}$

B

7.　教科書 p.47

次の和 S を求めよ。

$$S=1+2x+3x^2+\cdots\cdots+nx^{n-1}$$

ガイド　$x=1$，$x\neq1$ に場合分けをし，$x\neq1$ のとき，$S-xS$ を計算する。

解答　(i)　$x=1$ のとき

$$S=1+2+3+\cdots\cdots+n=\frac{1}{2}n(n+1)$$

(ii) $x \neq 1$ のとき

$$S = 1 + 2x + 3x^2 + 4x^3 + \cdots\cdots + nx^{n-1} \quad \cdots\cdots①$$

①の両辺に x を掛けると，

$$xS = x + 2x^2 + 3x^3 + \cdots\cdots + (n-1)x^{n-1} + nx^n \quad \cdots\cdots②$$

①−② より，

$$(1-x)S = 1 + x + x^2 + \cdots\cdots + x^{n-1} - nx^n$$

$$= \frac{1-x^n}{1-x} - nx^n$$

$$= \frac{1-x^n-nx^n(1-x)}{1-x}$$

$$= \frac{nx^{n+1}-(n+1)x^n+1}{1-x}$$

したがって，　$S = \dfrac{nx^{n+1}-(n+1)x^n+1}{(1-x)^2}$

(i)，(ii)より，　**$x=1$ のとき**，$\boldsymbol{S = \dfrac{1}{2}n(n+1)}$

$x \neq 1$ のとき，$\boldsymbol{S = \dfrac{nx^{n+1}-(n+1)x^n+1}{(1-x)^2}}$

8. 教科書 p.47

n 個の項からなる数列 $1\cdot n$，$2\cdot(n-1)$，$3\cdot(n-2)$，……，$n\cdot 1$ について，次の問いに答えよ。

(1) この数列の第 k 項を n，k を用いて表せ。

(2) この数列の和を求めよ。

ガイド (1) 1，2，3，……，n の部分と，n，$n-1$，$n-2$，……，1 の部分に分けて考える。

(2) (1)の結果を利用して計算する。このとき，n は定数として扱う。

解答 (1) 数列 1，2，3，……，n の第 k 項は，　k

数列 n，$n-1$，$n-2$，……，1 の第 k 項は，

$$n-(k-1) = n-k+1$$

求める数列の第 k 項は，この 2 つの数列の第 k 項の積であるから，

$$\boldsymbol{k\cdot(n-k+1)}$$

(2) 求める和は,

$$\sum_{k=1}^{n} k\cdot(n-k+1)$$

$$=\sum_{k=1}^{n}\{-k^2+(n+1)k\}=-\sum_{k=1}^{n}k^2+(n+1)\sum_{k=1}^{n}k$$

$$=-\frac{1}{6}n(n+1)(2n+1)+(n+1)\cdot\frac{1}{2}n(n+1)$$

$$=\frac{1}{6}n(n+1)\{-(2n+1)+3(n+1)\}=\boldsymbol{\frac{1}{6}n(n+1)(n+2)}$$

9. 教科書 p.47

自然数の列を次のような群に分け，第 n 群には 2^{n-1} 個の数が入るようにする。

1 | 2, 3 | 4, 5, 6, 7 | 8, ……
第 1 群 第 2 群 第 3 群

このとき，次のものを求めよ。

(1) 第 n 群の最初の数　　(2) 第 n 群に入る数の和

ガイド (1) 第 1 群から第 $(n-1)$ 群までに入る数の個数を考える。

(2) 第 n 群は，等差数列となっているから，その和を求める。

解答 (1) $n\geqq 2$ のとき，第 1 群から第 $(n-1)$ 群までに入る自然数の個数は，

$$1+2+2^2+2^3+\cdots\cdots+2^{n-2}=\frac{2^{n-1}-1}{2-1}=2^{n-1}-1$$

したがって，第 n 群の最初の数は，$\{(2^{n-1}-1)+1\}$ 番目の自然数であるから，

$$(2^{n-1}-1)+1=2^{n-1} \quad \cdots\cdots①$$

①に $n=1$ を代入すると，$2^{1-1}=1$ となり，①は $n=1$ のときも成り立つ。

よって，　$\boldsymbol{2^{n-1}}$

(2) 第 n 群は，初項 2^{n-1}，公差 1，項数 2^{n-1} の等差数列であるから，その和は，

$$\frac{1}{2}\cdot 2^{n-1}\{2\cdot 2^{n-1}+(2^{n-1}-1)\cdot 1\}=2^{n-2}(3\cdot 2^{n-1}-1)$$

$$=\boldsymbol{3\cdot 2^{2n-3}-2^{n-2}}$$

10. 教科書 p.47

次のように定められる数列 $\{a_n\}$ について，次の問いに答えよ。

$a_1=11,\ a_{n+1}=2a_n-3n\ (n=1,\ 2,\ 3,\ \cdots\cdots)$

(1) $a_{n+1}-a_n=b_n$ とおくとき，数列 $\{b_n\}$ の一般項を求めよ。

(2) 数列 $\{a_n\}$ の一般項を求めよ。

ガイド (1) $a_{n+1}=2a_n-3n$ より，　$a_{n+2}=2a_{n+1}-3(n+1)$

この漸化式と与えられた漸化式から，数列 $\{b_n\}$ の漸化式を導き出す。

解答 (1) 与えられた漸化式より，

$a_{n+2}=2a_{n+1}-3(n+1)$ ……①

$a_{n+1}=2a_n-3n$ ……②

①－② より，

$a_{n+2}-a_{n+1}=2(a_{n+1}-a_n)-3$

$a_{n+1}-a_n=b_n$ とおくと，　$b_{n+1}=2b_n-3$

この式を変形すると，　$b_{n+1}-3=2(b_n-3)$

したがって，数列 $\{b_n-3\}$ は，

初項 $b_1-3=a_2-a_1-3=(2\cdot11-3\cdot1)-11-3=5$，公比 2 の等比数列であるから，

$b_n-3=5\cdot2^{n-1}$

よって，　$\boldsymbol{b_n=5\cdot2^{n-1}+3}$

(2) 数列 $\{b_n\}$ は数列 $\{a_n\}$ の階差数列であるから，$n\geqq2$ のとき，

$$a_n=a_1+\sum_{k=1}^{n-1}b_k=11+\sum_{k=1}^{n-1}(5\cdot2^{k-1}+3)$$

$$=11+\sum_{k=1}^{n-1}5\cdot2^{k-1}+\sum_{k=1}^{n-1}3$$

$$=11+\frac{5(2^{n-1}-1)}{2-1}+3(n-1)$$

$$=5\cdot2^{n-1}+3n+3$$

$$=5\cdot2^{n-1}+3(n+1)\quad\cdots\cdots③$$

③に $n=1$ を代入すると，$5\cdot2^{1-1}+3(1+1)=11$ となり，初項 a_1 と一致する。

よって，　$\boldsymbol{a_n=5\cdot2^{n-1}+3(n+1)}$

11. 教科書 p.47

n が自然数のとき，次の不等式を証明せよ。

$$\frac{1}{1^2}+\frac{1}{2^2}+\frac{1}{3^2}+\cdots\cdots+\frac{1}{n^2}\leqq 2-\frac{1}{n}$$

ガイド 数学的帰納法を用いて証明する。

$n=k$ のときに不等式が成り立つと仮定して，これを用いて，$n=k+1$ のときの不等式が成り立つことを示す。

解答 与えられた不等式を①とおく。

(I)　$n=1$ のとき，

$$(①\text{の左辺})=\frac{1}{1^2}=1$$

$$(①\text{の右辺})=2-\frac{1}{1}=1$$

よって，①は成り立つ。

(II)　$n=k$ のときの①，すなわち，

$$\frac{1}{1^2}+\frac{1}{2^2}+\frac{1}{3^2}+\cdots\cdots+\frac{1}{k^2}\leqq 2-\frac{1}{k}\quad\cdots\cdots②$$

が成り立つと仮定する。

②を用いて，$n=k+1$ のときの①の両辺の差を考えると，

$$2-\frac{1}{k+1}-\left\{\frac{1}{1^2}+\frac{1}{2^2}+\frac{1}{3^2}+\cdots\cdots+\frac{1}{k^2}+\frac{1}{(k+1)^2}\right\}$$

$$=2-\frac{1}{k+1}-\left(\frac{1}{1^2}+\frac{1}{2^2}+\frac{1}{3^2}+\cdots\cdots+\frac{1}{k^2}\right)-\frac{1}{(k+1)^2}$$

$$\geqq 2-\frac{1}{k+1}-\left(2-\frac{1}{k}\right)-\frac{1}{(k+1)^2}$$

$$=-\frac{1}{k+1}+\frac{1}{k}-\frac{1}{(k+1)^2}=\frac{-k(k+1)+(k+1)^2-k}{k(k+1)^2}$$

$$=\frac{1}{k(k+1)^2}>0$$

よって，$\displaystyle\frac{1}{1^2}+\frac{1}{2^2}+\frac{1}{3^2}+\cdots\cdots+\frac{1}{(k+1)^2}\leqq 2-\frac{1}{k+1}$ が成り立つ。

すなわち，$n=k+1$ のときも①は成り立つ。

(I)，(II)より，①はすべての自然数 n について成り立つ。

思考力を養う　薬の血中濃度

ある薬を1錠服用したとき，服用直後に血中濃度は4％増加し，12時間経過するごとに$\frac{1}{2}$倍になるものとする。また，適切な効果が得られる血中濃度の最小値は2％，副作用を起こさない血中濃度の最大値は20％である。

Q 1 教科書 p.48

この薬を12時間ごとに1錠ずつ服用するときの血中濃度の変化は右のグラフのようになる。n回目の服用直後の血中濃度をa_nとするとき，$a_1=4$として，a_2，a_3を求めてみよう。

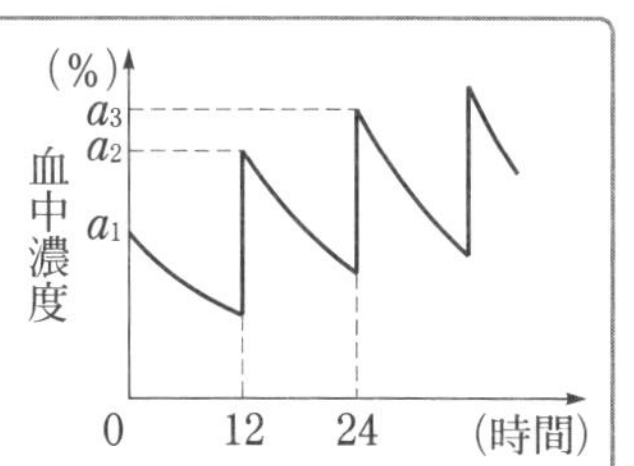

ガイド　この薬1錠につき，服用直後に血中濃度は4％増加し，12時間経過するごとに$\frac{1}{2}$倍になることから考える。

解答　$\boldsymbol{a_2}=a_1\times\frac{1}{2}+4=4\times\frac{1}{2}+4=\boldsymbol{6}$

$\boldsymbol{a_3}=a_2\times\frac{1}{2}+4=6\times\frac{1}{2}+4=\boldsymbol{7}$

Q 2 教科書 p.48

数列$\{a_n\}$の漸化式を求め，一般項を求めてみよう。

ガイド　Q 1から，a_nとa_{n+1}の間に成り立つ関係を考える。

解答　Q 1より，数列$\{a_n\}$の漸化式は，　$\boldsymbol{a_{n+1}=\frac{1}{2}a_n+4}$

この漸化式を変形すると，　$a_{n+1}-8=\frac{1}{2}(a_n-8)$

したがって，数列$\{a_n-8\}$は，初項$a_1-8=-4$，公比$\frac{1}{2}$の等比数列であるから，　$a_n-8=-4\left(\frac{1}{2}\right)^{n-1}$

よって，　$\boldsymbol{a_n=-4\left(\frac{1}{2}\right)^{n-1}+8}$

☑**Q 3** 教科書 p.48

Q 2 で求めた一般項の式から，この薬を 12 時間ごとに 1 錠ずつ服用するとき，血中濃度が 20% を超えることはないことを説明してみよう。また，n 回目の服用直前の血中濃度が a_n-4 であることに着目して，血中濃度が 2% を下回ることはないことも説明してみよう。

ガイド a_n のとり得る値の範囲から考える。また，$a_n-4\geqq 2$ となる n の値の範囲から考える。

解答 $-4\left(\frac{1}{2}\right)^{n-1}<0$ より，　$a_n=-4\left(\frac{1}{2}\right)^{n-1}+8<8$

よって，a_n が 20 を超えることはなく，血中濃度が 20% を超えることはない。

また，　$a_n-4=-4\left(\frac{1}{2}\right)^{n-1}+4$

$-4\left(\frac{1}{2}\right)^{n-1}+4\geqq 2$ を解くと，　$-4\left(\frac{1}{2}\right)^{n-1}\geqq -2$　$\left(\frac{1}{2}\right)^{n-1}\leqq\frac{1}{2}$

したがって，　$n\geqq 2$

よって，2 回目以降の服用直前の血中濃度が 2 % を下回ることはない。

すなわち，1 回目の服用以降，血中濃度が 2 % を下回ることはない。

☑**Q 4** 教科書 p.48

この薬を服用する条件を変えてみて，適切な効果が得られない場合や副作用を起こす場合があるかどうかを調べてみよう。

ガイド 例えば，この薬を 12 時間ごとに 2 錠ずつ服用する場合，3 錠ずつ服用する場合を考える。

解答 (例)　この薬を 12 時間ごとに 2 錠ずつ服用する場合，血中濃度は 8 %，12%，14%，15%，15.5%，…… となり，1 回目の服用以降，血中濃度が 2 % を下回ることも 20% を超えることもないから，適切な効果が得られる。

しかし，12 時間ごとに 3 錠ずつ服用する場合は，血中濃度は 12 %，18%，21%，…… となり，20% を超えることがあるから，副作用を起こす可能性がある。

その他，この薬を 24 時間ごとに 1 錠ずつ服用する場合，2 錠ずつまたは 3 錠ずつ服用する場合を考えてみてもよい。

第2章　確率分布と統計的な推測

第1節　確率分布

1　確率変数と確率分布

第2章 確率分布と統計的な推測

問1 赤玉3個と白玉2個が入っている袋から3個の玉を同時に取り出すとき，出る赤玉の個数を X とする。確率変数 X の確率分布を求めよ。

教科書 p.51

ガイド ある試行の結果によって値が決まり，その値をとる確率が各値に対して定まる変数を**確率変数**という。

確率変数は，X，Y，Z などのように大文字で表すことが多い。

一般に，確率変数 X のとり得る値が x_1，x_2，……，x_n で，X が各値をとる確率が p_1，p_2，……，p_n であるとき，次の式が成り立つ。

$$p_1 \geqq 0,\ p_2 \geqq 0,\ \cdots\cdots,\ p_n \geqq 0$$
$$p_1+p_2+\cdots\cdots+p_n=1$$

確率変数 X の値と，X が各値をとる確率を表に表すと右のようになる。

X	x_1	x_2	……	x_n	計
P	p_1	p_2	……	p_n	1

この表で示されるような，確率変数 X のとり得る値と，X が各値をとる確率との対応関係を**確率分布**または**分布**といい，確率変数 X は，この分布に**従う**という。

解答 X のとり得る値は1，2，3であり，X が各値をとる確率は次のようになる。

赤玉が1個，白玉が2個出る確率は，$\dfrac{{}_3C_1 \times {}_2C_2}{{}_5C_3}=\dfrac{3}{10}$

赤玉が2個，白玉が1個出る確率は，$\dfrac{{}_3C_2 \times {}_2C_1}{{}_5C_3}=\dfrac{6}{10}$

赤玉が3個出る確率は，$\dfrac{{}_3C_3}{{}_5C_3}=\dfrac{1}{10}$

よって，X の確率分布は，右の表のようになる。

X	1	2	3	計
P	$\dfrac{3}{10}$	$\dfrac{6}{10}$	$\dfrac{1}{10}$	1

問 2　2 個のさいころを同時に投げるとき，出る目の和 X についての確率 $P(X=5)$，$P(3\leqq X\leqq 5)$ を，それぞれ求めよ。

教科書 p.51

ガイド　確率変数 X のとり得る値が x_1，x_2，……，x_n であるとき，X の値が x_k となる確率を $\boldsymbol{P(X=x_k)}$ と表す。また，X の値が a 以上 b 以下となる確率を $\boldsymbol{P(a\leqq X\leqq b)}$ と表す。

解答　X のとり得る値は 2，3，4，……，11，12 であるから，X が各値をとる確率を計算すると，X の確率分布は次の表のようになる。

X	2	3	4	5	6	7	8	9	10	11	12	計
P	$\frac{1}{36}$	$\frac{2}{36}$	$\frac{3}{36}$	$\frac{4}{36}$	$\frac{5}{36}$	$\frac{6}{36}$	$\frac{5}{36}$	$\frac{4}{36}$	$\frac{3}{36}$	$\frac{2}{36}$	$\frac{1}{36}$	1

$$\boldsymbol{P(X=5)}=\frac{4}{36}=\boldsymbol{\frac{1}{9}}$$

$$\begin{aligned}\boldsymbol{P(3\leqq X\leqq 5)}&=P(X=3)+P(X=4)+P(X=5)\\&=\frac{2}{36}+\frac{3}{36}+\frac{4}{36}=\boldsymbol{\frac{1}{4}}\end{aligned}$$

2　確率変数の平均，分散，標準偏差

問 3　2 枚の硬貨を同時に投げるとき，表の出る枚数 X の分散と標準偏差を求めよ。

教科書 p.53

ガイド　一般に，確率変数 X の確率分布が右の表のように与えられているとき，

X	x_1	x_2	……	x_n	計
P	p_1	p_2	……	p_n	1

$$x_1p_1+x_2p_2+\cdots\cdots+x_np_n$$

を X の**平均**または**期待値**といい，$\boldsymbol{m}$ または $\boldsymbol{E(X)}$ で表す。

ここがポイント　[確率変数の平均]

$$\boldsymbol{E(X)=x_1p_1+x_2p_2+\cdots\cdots+x_np_n=\sum_{k=1}^{n}x_kp_k}$$

X	x_1	x_2	……	x_n	計
P	p_1	p_2	……	p_n	1

右の表のような確率分布をもつ確率変数 X の平均を m とする。

確率変数 $(X-m)^2$ の平均

$$E((X-m)^2)=(x_1-m)^2p_1+(x_2-m)^2p_2+\cdots\cdots+(x_n-m)^2p_n$$
$$=\sum_{k=1}^{n}(x_k-m)^2p_k$$

を X の**分散**といい，$\boldsymbol{V(X)}$ で表す。

分散 $V(X)$ の正の平方根

$$\sqrt{V(X)}=\sqrt{E((X-m)^2)}$$

を X の**標準偏差**といい，$\boldsymbol{\sigma(X)}$ で表す。

ここがポイント **[確率変数の分散と標準偏差]**

分　散　$\boldsymbol{V(X)=E((X-m)^2)}$

$$=(x_1-m)^2p_1+(x_2-m)^2p_2+\cdots\cdots+(x_n-m)^2p_n$$
$$\boldsymbol{=\sum_{k=1}^{n}(x_k-m)^2p_k}$$

標準偏差　$\boldsymbol{\sigma(X)=\sqrt{V(X)}}$

解答 X の確率分布は，右の表のようになるから，その平均は，

X	0	1	2	計
P	$\frac{1}{4}$	$\frac{2}{4}$	$\frac{1}{4}$	1

$$E(X)=0\cdot\frac{1}{4}+1\cdot\frac{2}{4}+2\cdot\frac{1}{4}=1$$

よって，X の**分散**，**標準偏差**は，次のようになる。

$$V(X)=(0-1)^2\cdot\frac{1}{4}+(1-1)^2\cdot\frac{2}{4}+(2-1)^2\cdot\frac{1}{4}=\boldsymbol{\frac{1}{2}}$$

$$\sigma(X)=\sqrt{\frac{1}{2}}=\boldsymbol{\frac{\sqrt{2}}{2}}$$

問 4 教科書 p.53 の問 3 における分散を，下の関係式を用いて求めよ。

教科書 **p.54**

ガイド

ここがポイント **[分散と平均の関係]**

$\boldsymbol{V(X)=E(X^2)-\{E(X)\}^2}$　(X の分散)=(X^2 の平均)−(X の平均)^2

解答 X^2 の確率分布は右の表のようになる。

X^2	0^2	1^2	2^2	計
P	$\frac{1}{4}$	$\frac{2}{4}$	$\frac{1}{4}$	1

したがって，

$$E(X^2)=0^2\cdot\frac{1}{4}+1^2\cdot\frac{2}{4}+2^2\cdot\frac{1}{4}=\frac{3}{2}$$

前ページの **問 3** より，$E(X)=1$ であるから，X の分散は，

$$V(X)=E(X^2)-\{E(X)\}^2=\frac{3}{2}-1^2=\boldsymbol{\frac{1}{2}}$$

3 確率変数 $aX+b$ の平均，分散，標準偏差

問 5 赤玉 3 個と白玉 2 個が入っている袋から 2 個の玉を同時に取り出し，取り出した赤玉 1 個につき 50 点がもらえるゲームがある。ゲームの参加には 40 点支払う必要があるとする。このゲームに参加するときの増える点数の平均，分散，標準偏差を求めよ。

教科書 p.56

ガイド

ここがポイント **[$aX+b$ の平均，分散，標準偏差]**

確率変数 X と，定数 a，b に対して，

$$\boldsymbol{E(aX+b)=aE(X)+b}$$
$$\boldsymbol{V(aX+b)=a^2V(X)}$$
$$\boldsymbol{\sigma(aX+b)=|a|\sigma(X)}$$

解答 取り出した赤玉の個数を X とすると，X の確率分布は，右の表のようになる。

X	0	1	2	計
P	$\frac{1}{10}$	$\frac{6}{10}$	$\frac{3}{10}$	1

このゲームで増える点数は $50X-40$ で，

$$E(X)=0\cdot\frac{1}{10}+1\cdot\frac{6}{10}+2\cdot\frac{3}{10}=\frac{6}{5}$$

$$V(X)=\left(0-\frac{6}{5}\right)^2\cdot\frac{1}{10}+\left(1-\frac{6}{5}\right)^2\cdot\frac{6}{10}+\left(2-\frac{6}{5}\right)^2\cdot\frac{3}{10}=\frac{9}{25}$$

$$\sigma(X)=\sqrt{\frac{9}{25}}=\frac{3}{5}$$

であるから，このゲームで増える点数の**平均**，**分散**，**標準偏差**は，

$$E(50X-40)=50E(X)-40=\boldsymbol{20}$$
$$V(50X-40)=50^2V(X)=\boldsymbol{900}$$
$$\sigma(50X-40)=|50|\sigma(X)=\boldsymbol{30}$$

4 確率変数の和・積の平均と和の分散

問6 赤玉2個と白玉3個が入っている袋から，Aが玉を1個取り出し，もとに戻してからBが玉を2個取り出す。A，Bが取り出した赤玉の個数を，それぞれ X，Y とするとき，X と Y の同時分布を求めよ。

教科書 p.57

ガイド ある試行によって2つの確率変数 X，Y の値が定まるとき，実数 a，b に対して，$X=a$ かつ $Y=b$ である確率を $\boldsymbol{P(X=a,\ Y=b)}$ と表す。

X，Y それぞれのとり得る値の組に対して，その値の組とその確率の対応を X と Y の**同時分布**という。

解答

$$P(X=0)=\frac{3}{5},\quad P(X=1)=\frac{2}{5}$$

$$P(Y=0)=\frac{3}{10},\quad P(Y=1)=\frac{6}{10},\quad P(Y=2)=\frac{1}{10}$$

であり，

$$P(X=0,\ Y=0)=\frac{3}{5}\times\frac{3}{10}=\frac{9}{50}$$

$$P(X=0,\ Y=1)=\frac{3}{5}\times\frac{6}{10}=\frac{18}{50}$$

$$P(X=0,\ Y=2)=\frac{3}{5}\times\frac{1}{10}=\frac{3}{50}$$

$$P(X=1,\ Y=0)=\frac{2}{5}\times\frac{3}{10}=\frac{6}{50}=\frac{3}{25}$$

$$P(X=1,\ Y=1)=\frac{2}{5}\times\frac{6}{10}=\frac{12}{50}=\frac{6}{25}$$

$$P(X=1,\ Y=2)=\frac{2}{5}\times\frac{1}{10}=\frac{2}{50}=\frac{1}{25}$$

よって，X と Y の同時分布は，右の表のようになる。

X＼Y	0	1	2	計
0	$\frac{9}{50}$	$\frac{18}{50}$	$\frac{3}{50}$	$\frac{3}{5}$
1	$\frac{3}{25}$	$\frac{6}{25}$	$\frac{1}{25}$	$\frac{2}{5}$
計	$\frac{3}{10}$	$\frac{6}{10}$	$\frac{1}{10}$	1

問 7 [1]のカードが2枚，[2]のカードが2枚，[3]のカードが1枚ある。この5枚の中から1枚を引き，書いてある数を記録してからもとに戻す操作を2回行うとき，引いたカードに書いてある数の和の平均を求めよ。

教科書 p.59

ガイド

ここがポイント [確率変数の和の平均]

$$E(X+Y)=E(X)+E(Y)$$ （和の平均）＝（平均の和）

解答 1回目，2回目のカードに書いてある数を，それぞれ X，Y とすると，X の確率分布は，右の表のようになる。Y も同様で，X，Y の平均は，

X	1	2	3	計
P	$\frac{2}{5}$	$\frac{2}{5}$	$\frac{1}{5}$	1

$$E(X)=E(Y)=1\cdot\frac{2}{5}+2\cdot\frac{2}{5}+3\cdot\frac{1}{5}=\frac{9}{5}$$

であるから，引いたカードに書いてある数の和の平均は，

$$E(X+Y)=E(X)+E(Y)=\frac{9}{5}+\frac{9}{5}=\boldsymbol{\frac{18}{5}}$$

問 8 大中小3個のさいころを投げるとき，出る目の和の平均を求めよ。

教科書 p.59

ガイド 確率変数の和の平均の性質は，3つ以上の確率変数についても成り立つ。

例えば，3つの確率変数 X，Y，Z について，次の式が成り立つ。

$$\boldsymbol{E(X+Y+Z)=E(X)+E(Y)+E(Z)}$$

解答 3個のさいころの出る目を，それぞれ X，Y，Z とすると，X の確率分布は，右の表のようになる。Y，Z も同様で，X，Y，Z の平均は，

X	1	2	3	4	5	6	計
P	$\frac{1}{6}$	$\frac{1}{6}$	$\frac{1}{6}$	$\frac{1}{6}$	$\frac{1}{6}$	$\frac{1}{6}$	1

$$E(X)=E(Y)=E(Z)$$
$$=1\cdot\frac{1}{6}+2\cdot\frac{1}{6}+3\cdot\frac{1}{6}+4\cdot\frac{1}{6}+5\cdot\frac{1}{6}+6\cdot\frac{1}{6}=\frac{7}{2}$$

であるから，出る目の和の平均は，

$$E(X+Y+Z)=E(X)+E(Y)+E(Z)=\frac{7}{2}+\frac{7}{2}+\frac{7}{2}=\boldsymbol{\frac{21}{2}}$$

問 9　1から10までの数字を1つずつ書いた10枚のカードから1枚を引くとき，書いてある数字が5の倍数である事象をA，奇数である事象をBとする。$P_B(A)=P(A)$，$P(A\cap B)=P(A)P(B)$ が成り立つことを確認せよ。

教科書 p.61

ガイド　一般に，2つの事象A，Bについて，$P_A(B)=P(B)$ が成り立つとき，Aの起こることがBの起こる確率に影響を与えない。このとき，事象Bは事象Aに**独立**であるという。

ここがポイント [事象の独立(1)]
事象 B は事象 A に独立 $\iff P_A(B)=P(B)$

また，$P(A\cap B)=P(A)P(B)$ が成り立つとき，2つの事象A，Bは互いに独立であるということができる。

ここがポイント [事象の独立(2)]
事象 A と事象 B が独立 $\iff P(A\cap B)=P(A)P(B)$

解答　$P(A)=\frac{1}{5}$，$P(B)=\frac{1}{2}$，$P(A\cap B)=\frac{1}{10}$

Bが起こったときにAが起こる条件付き確率 $P_B(A)$ は，

$$P_B(A)=\frac{P(A\cap B)}{P(B)}=\frac{1}{10}\div\frac{1}{2}=\frac{1}{5}$$

となり，$P_B(A)=P(A)$ が成り立つ。また，

$$P(A)P(B)=\frac{1}{5}\times\frac{1}{2}=\frac{1}{10}$$

となり，$P(A\cap B)=P(A)P(B)$ が成り立つ。

問10　1個のさいころを投げるとき，奇数の目が出る事象をA，2以下の目が出る事象をBとする。さらに偶数の目が出る事象をDとするとき，AとD，BとDがそれぞれ独立であるかどうかを調べよ。

教科書 p.61

ガイド　2つの事象A，Bについて，$P(A\cap B)\neq P(A)P(B)$ ならば，AとBは独立でない。一般に，独立でない2つの事象は**従属**であるという。

第2章　確率分布と統計的な推測

解答 $P(A)=\frac{1}{2}$, $P(B)=\frac{1}{3}$, $P(D)=\frac{3}{6}=\frac{1}{2}$

$P(A\cap D)=0$, $P(B\cap D)=\frac{1}{6}$

これより, $P(A\cap D)\neq P(A)P(D)$

$P(B\cap D)=P(B)P(D)$

よって, **A と D は独立でなく, B と D は独立である。**

参考 一般に, 2つの確率変数 X, Y において, X, Y のとり得るすべての値 a, b について,

$$\boldsymbol{P(X=a,\ Y=b)=P(X=a)P(Y=b)}$$

が成り立つとき, 確率変数 X と Y は**独立**であるという。

3つ以上の確率変数についての独立も同様に定義する。例えば, 3つの確率変数 X, Y, Z とそれらのとり得るすべての値 a, b, c について,

$$\boldsymbol{P(X=a,\ Y=b,\ Z=c)=P(X=a)P(Y=b)P(Z=c)}$$

が成り立つとき, X, Y, Z は互いに独立であるという。

教科書 p.57 のように, 2つの試行が独立であるとき, これらに関する2つの確率変数 X と Y は独立である。

問11 大小2個のさいころを投げるとき, 出る目の積の平均を求めよ。

教科書 p.62

ガイド

ここがポイント **[独立な確率変数の積の平均]**

確率変数 X と Y が独立のとき, $E(XY)=E(X)E(Y)$

解答 2個のさいころの出る目を, それぞれ X, Y とすると, 本書 p.70 の **問 8** より, $E(X)=E(Y)=\frac{7}{2}$

X と Y は独立であるから,

$$E(XY)=E(X)E(Y)=\frac{7}{2}\cdot\frac{7}{2}=\boldsymbol{\frac{49}{4}}$$

⚠注意 2つの確率変数 X と Y が独立でないときでも, $E(X+Y)=E(X)+E(Y)$ は成り立つが, $E(XY)=E(X)E(Y)$ は一般には成り立たない。

問12 硬貨1枚とさいころ1個を投げて，硬貨の表が出れば1，裏が出れば0をとる変数をX，さいころの出る目をYとする。このとき，確率変数$X+Y$の分散と標準偏差を求めよ。

教科書 p.63

ガイド

ここがポイント **[独立な確率変数の和の分散]**

確率変数 X と Y が独立のとき，

$$V(X+Y)=V(X)+V(Y)$$ （和の分散）=（分散の和）

解答 Xの確率分布は右の表のようになるから，

X	0	1	計
P	$\frac{1}{2}$	$\frac{1}{2}$	1

$$E(X)=0\cdot\frac{1}{2}+1\cdot\frac{1}{2}=\frac{1}{2}$$

$$E(X^2)=0^2\cdot\frac{1}{2}+1^2\cdot\frac{1}{2}=\frac{1}{2}$$

よって，　$V(X)=E(X^2)-\{E(X)\}^2$

$$=\frac{1}{2}-\left(\frac{1}{2}\right)^2=\frac{1}{4}$$

また，教科書 p.53 の **例 3** より，　$V(Y)=\frac{35}{12}$

XとYは独立であるから，$X+Y$の**分散**は，

$$V(X+Y)=V(X)+V(Y)$$

$$=\frac{1}{4}+\frac{35}{12}=\mathbf{\frac{19}{6}}$$

標準偏差は，　$\sigma(X+Y)=\sqrt{V(X+Y)}$

$$=\sqrt{\frac{19}{6}}=\mathbf{\frac{\sqrt{114}}{6}}$$

参考 **ここがポイント** の独立な確率変数の和の分散の性質は，3つ以上の互いに独立な確率変数についても成り立つ。例えば，3つの互いに独立な確率変数X，Y，Zについて，次の式が成り立つ。

$$V(X+Y+Z)=V(X)+V(Y)+V(Z)$$

5　二項分布

問13　1個のさいころを4回投げるとき，6の約数の目が出る回数を X とすると，X はどのような二項分布に従うか。また，$P(X=3)$ を求めよ。

教科書 p.64

ガイド　一般に，1回の試行で事象 A の起こる確率を p とし，起こらない確率を $q=1-p$ とする。この試行を n 回行う反復試行において，A の起こる回数を X とすると，$X=r$ となる確率は，

$$P(X=r)={}_n\mathrm{C}_r p^r q^{n-r} \qquad \text{ただし，} q=1-p$$

したがって，確率変数 X の確率分布は次の表のようになる。

X	0	1	……	r	……	n	計
P	${}_n\mathrm{C}_0 q^n$	${}_n\mathrm{C}_1 pq^{n-1}$	……	${}_n\mathrm{C}_r p^r q^{n-r}$	……	${}_n\mathrm{C}_n p^n$	1

このような確率分布を**二項分布**といい，$B(n,\ p)$ で表す。
また，このとき，確率変数 X は二項分布 $B(n,\ p)$ に従うという。

解答　1回の試行で6の約数の目が出る確率は，$\dfrac{4}{6}=\dfrac{2}{3}$ であり，4回の試行は互いに独立である。

よって，X は二項分布 $B\left(4,\ \dfrac{2}{3}\right)$ に従う。

また，　$P(X=3)={}_4\mathrm{C}_3\left(\dfrac{2}{3}\right)^3\left(\dfrac{1}{3}\right)=\dfrac{32}{81}$

参考　$B(n,\ p)$ の B は，binomial distribution (二項分布) に由来する。

4回の試行は互いに影響されないから，独立な試行となっているね。

問14 赤玉5個と白玉3個が入っている袋から，1個の玉を取り出して色を確認してからもとに戻す。この操作を70回行うとき，赤玉が出る回数 X の平均，分散，標準偏差を求めよ。

教科書 p.66

ガイド

ここがポイント **[二項分布の平均と分散，標準偏差]**

確率変数 X が二項分布 $B(n,\ p)$ に従うとき，

$$E(X)=np$$

$$V(X)=npq,\quad \sigma(X)=\sqrt{npq}\qquad ただし，q=1-p$$

解答 1回の試行で赤玉が出る確率は，$\dfrac{5}{8}$

X は二項分布 $B\left(70,\ \dfrac{5}{8}\right)$ に従うから，

平均は，$E(X)=70\cdot\dfrac{5}{8}=\mathbf{\dfrac{175}{4}}$

分散は，$V(X)=70\cdot\dfrac{5}{8}\cdot\dfrac{3}{8}=\mathbf{\dfrac{525}{32}}$

標準偏差は，$\sigma(X)=\sqrt{\dfrac{525}{32}}=\mathbf{\dfrac{5\sqrt{42}}{8}}$

問15 ある工場で生産された製品は，不良品である確率が3％であるという。この製品100個のうち，不良品である個数を X とするとき，X の平均と標準偏差を求めよ。

教科書 p.66

ガイド X は二項分布に従う。

解答 X は二項分布 $B\left(100,\ \dfrac{3}{100}\right)$ に従うから，

平均は，$E(X)=100\cdot\dfrac{3}{100}=\mathbf{3}$

分散は，$V(X)=100\cdot\dfrac{3}{100}\cdot\dfrac{97}{100}=\dfrac{291}{100}$

標準偏差は，$\sigma(X)=\sqrt{\dfrac{291}{100}}=\mathbf{\dfrac{\sqrt{291}}{10}}$

節末問題

第1節 | 確率分布

1

教科書 p.67

男子 10 人，女子 15 人のクラスから，くじで 2 人の委員を選ぶとき，選ばれる女子の人数を X とする。このとき，次の問いに答えよ。

(1) X の確率分布を求めよ。

(2) X の平均と分散を求めよ。

ガイド (2) 分散は，$V(X)=E((X-m)^2)$ または，$V(X)=E(X^2)-\{E(X)\}^2$ から求める。

解答 (1) X のとり得る値は 0，1，2 であり，X が各値をとる確率は次のようになる。

女子が 1 人も選ばれない確率は，

$$P(X=0)=\frac{{}_{10}C_2}{{}_{25}C_2}=\frac{45}{300}=\frac{3}{20}$$

男子，女子が 1 人ずつ選ばれる確率は，

$$P(X=1)=\frac{{}_{10}C_1\times{}_{15}C_1}{{}_{25}C_2}=\frac{10\times15}{300}=\frac{10}{20}$$

女子が 2 人選ばれる確率は，

$$P(X=2)=\frac{{}_{15}C_2}{{}_{25}C_2}=\frac{105}{300}=\frac{7}{20}$$

よって，X の確率分布は，右の表のようになる。

X	0	1	2	計
P	$\frac{3}{20}$	$\frac{10}{20}$	$\frac{7}{20}$	1

(2) X の**平均**は，　$E(X)=0\cdot\frac{3}{20}+1\cdot\frac{10}{20}+2\cdot\frac{7}{20}=\mathbf{\frac{6}{5}}$

X の**分散**は，

$$V(X)=\left(0-\frac{6}{5}\right)^2\cdot\frac{3}{20}+\left(1-\frac{6}{5}\right)^2\cdot\frac{10}{20}+\left(2-\frac{6}{5}\right)^2\cdot\frac{7}{20}=\mathbf{\frac{23}{50}}$$

別解 (2) $E(X^2)=0^2\cdot\frac{3}{20}+1^2\cdot\frac{10}{20}+2^2\cdot\frac{7}{20}=\frac{19}{10}$

よって，X の**分散**は，

$$V(X)=E(X^2)-\{E(X)\}^2=\frac{19}{10}-\left(\frac{6}{5}\right)^2=\mathbf{\frac{23}{50}}$$

☐ **2**　教科書 p.67

赤玉7個と白玉3個が入っている袋がある。この袋から，玉を1個ずつもとに戻さずに2回続けて取り出すとき，取り出した赤玉の個数を X とする。このとき，次の問いに答えよ。

(1)　X の確率分布を求めよ。

(2)　X の平均と標準偏差を求めよ。

ガイド　(1)　玉を戻さない点に注意する。

解答　(1)　X のとり得る値は0，1，2であり，X が各値をとる確率は次のようになる。

赤玉が1個も出ない確率は，

$$P(X=0)=\frac{3}{10}\cdot\frac{2}{9}=\frac{6}{90}=\frac{1}{15}$$

赤玉，白玉が1個ずつ出る確率は，

$$P(X=1)=\frac{7}{10}\cdot\frac{3}{9}+\frac{3}{10}\cdot\frac{7}{9}=\frac{42}{90}=\frac{7}{15}$$

赤玉が2個出る確率は，

$$P(X=2)=\frac{7}{10}\cdot\frac{6}{9}=\frac{42}{90}=\frac{7}{15}$$

よって，X の確率分布は，右の表のようになる。

X	0	1	2	計
P	$\frac{1}{15}$	$\frac{7}{15}$	$\frac{7}{15}$	1

(2)　X の**平均**は，

$$E(X)=0\cdot\frac{1}{15}+1\cdot\frac{7}{15}+2\cdot\frac{7}{15}=\boldsymbol{\frac{7}{5}}$$

X の分散は，

$$V(X)=\left(0-\frac{7}{5}\right)^2\cdot\frac{1}{15}+\left(1-\frac{7}{5}\right)^2\cdot\frac{7}{15}+\left(2-\frac{7}{5}\right)^2\cdot\frac{7}{15}$$
$$=\frac{28}{75}$$

よって，X の**標準偏差**は，　$\sigma(X)=\sqrt{\frac{28}{75}}=\boldsymbol{\frac{2\sqrt{21}}{15}}$

参考　(2)　X の分散は，次のように求めてもよい。

$$E(X^2)=0^2\cdot\frac{1}{15}+1^2\cdot\frac{7}{15}+2^2\cdot\frac{7}{15}=\frac{7}{3}$$

よって，X の分散は，

$$V(X)=E(X^2)-\{E(X)\}^2=\frac{7}{3}-\left(\frac{7}{5}\right)^2=\frac{28}{75}$$

3 教科書 p.67

大中小 3 個のさいころを投げるとき，出る目の和の分散と標準偏差を求めよ。

ガイド $V(X+Y+Z)=V(X)+V(Y)+V(Z)$ を用いる。

解答 3 個のさいころの出る目を，それぞれ X，Y，Z とすると，教科書 p.53 の **例 3** より， $V(X)=V(Y)=V(Z)=\dfrac{35}{12}$

X，Y，Z は互いに独立であるから，出る目の和の**分散**は，

$$V(X+Y+Z)=V(X)+V(Y)+V(Z)$$
$$=\frac{35}{12}+\frac{35}{12}+\frac{35}{12}=\boldsymbol{\frac{35}{4}}$$

標準偏差は， $\sigma(X+Y+Z)=\sqrt{V(X+Y+Z)}$

$$=\sqrt{\frac{35}{4}}=\boldsymbol{\frac{\sqrt{35}}{2}}$$

4 教科書 p.67

赤玉 5 個と白玉 3 個が入っている袋から，3 個の玉を同時に取り出して色を確認してからもとに戻す。この操作を 70 回行うとき，赤玉が 2 個，白玉が 1 個出る回数 X の平均と分散を求めよ。

ガイド X は二項分布に従う確率変数である。

確率変数 X が二項分布 $B(n,\ p)$ に従うとき，

$E(X)=np$，$V(X)=npq$ ただし，$q=1-p$

解答 1 回の試行で赤玉が 2 個，白玉が 1 個出る確率は，

$$\frac{{}_5C_2\times{}_3C_1}{{}_8C_3}=\frac{10\times3}{56}=\frac{15}{28}$$

X は二項分布 $B\left(70,\ \dfrac{15}{28}\right)$ に従うから，

平均は， $E(X)=70\cdot\dfrac{15}{28}=\boldsymbol{\dfrac{75}{2}}$

分散は， $V(X)=70\cdot\dfrac{15}{28}\cdot\dfrac{13}{28}=\boldsymbol{\dfrac{975}{56}}$

5 教科書 p.67

確率変数 X が二項分布 $B\left(100,\ \frac{1}{4}\right)$ に従うとき，$Y=2X+3$ で定められる確率変数 Y の平均と分散を求めよ。

ガイド 確率変数 X が二項分布 $B\left(100,\ \frac{1}{4}\right)$ に従うことから，$E(X)$，$V(X)$ を求め，$E(aX+b)=aE(X)+b$，$V(aX+b)=a^2V(X)$ を利用する。

解答 X は二項分布 $B\left(100,\ \frac{1}{4}\right)$ に従うから，

平均は，　$E(X)=100\cdot\frac{1}{4}=25$

分散は，　$V(X)=100\cdot\frac{1}{4}\cdot\frac{3}{4}=\frac{75}{4}$

よって，Y の**平均**は，

$E(Y)=E(2X+3)$
$=2E(X)+3=2\cdot25+3=\mathbf{53}$

Y の**分散**は，

$V(Y)=V(2X+3)$
$=2^2V(X)=2^2\cdot\frac{75}{4}=\mathbf{75}$

第2節 正規分布

1 連続的な確率変数とその分布

問16 確率変数 X の確率密度関数 $f(x)$ について，次の確率を求めよ。

教科書 p.69

(1) $f(x)=0.2\ (0\leqq x\leqq 5)$ のとき，$P(0\leqq X\leqq 0.8)$

(2) $f(x)=\dfrac{1}{2}x\ (0\leqq x\leqq 2)$ のとき，$P(0.6\leqq X\leqq 1)$

ガイド 連続的な値をとる確率変数 X を**連続型確率変数**という。また，これまでに扱ったとびとびの値をとる確率変数 X を**離散型確率変数**という。

一般に，連続型確率変数 X の確率分布を考える場合，X に1つの曲線 $y=f(x)$ を対応させ，$a\leqq X\leqq b$ となる確率を右の図の斜線部分の面積で表されるようにする。このような曲線 $y=f(x)$ を X の**分布曲線**という。

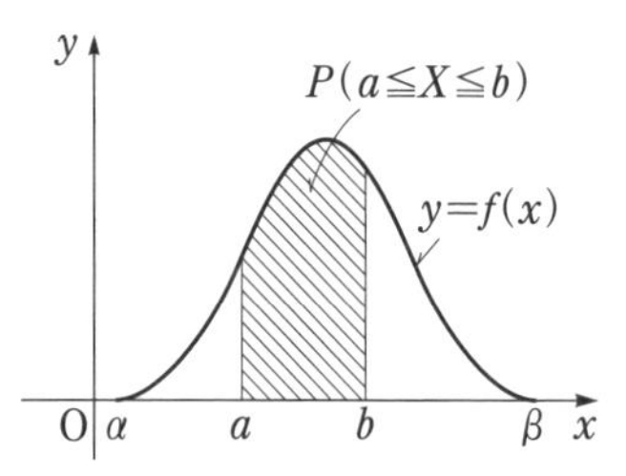

そして，関数 $f(x)$ を X の**確率密度関数**という。

連続型確率変数 X に対しても，X の値が a 以上 b 以下となる確率を $\boldsymbol{P(a\leqq X\leqq b)}$ と表す。

確率密度関数 $f(x)$ について，次のことがいえる。

ここがポイント

1. つねに，$f(x)\geqq 0$ である。
2. 確率 $P(a\leqq X\leqq b)$ は，次のように表される。
$$P(a\leqq X\leqq b)=\int_a^b f(x)\,dx$$
3. Xのとり得る値の範囲が，$\alpha\leqq X\leqq\beta$ のとき，
$$P(\alpha\leqq X\leqq\beta)=\int_\alpha^\beta f(x)\,dx=1$$

解答 (1) $P(0\leqq X\leqq 0.8)=\displaystyle\int_0^{0.8}0.2\,dx$

$=\Big[0.2x\Big]_0^{0.8}=\mathbf{0.16}$

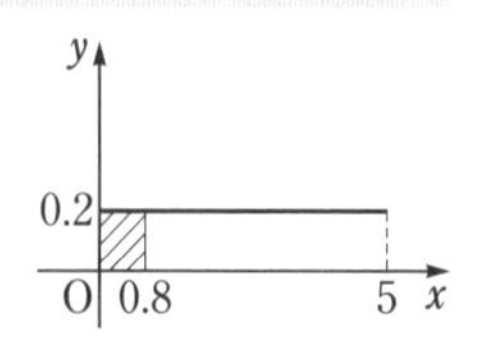

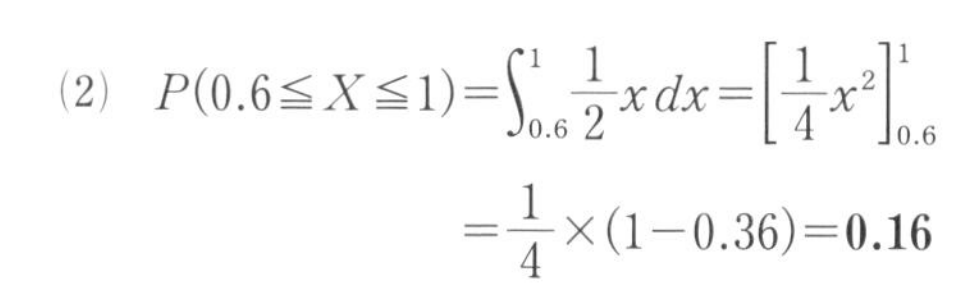

(2)　$P(0.6 \leqq X \leqq 1)=\int_{0.6}^{1}\frac{1}{2}x\,dx=\left[\frac{1}{4}x^2\right]_{0.6}^{1}$

$=\frac{1}{4}\times(1-0.36)=\mathbf{0.16}$

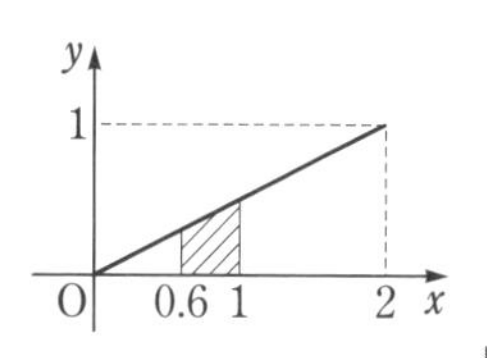

問17　教科書 p.69 の問 16(2)の確率変数 X の平均と分散，標準偏差を求めよ。

教科書 p.70

ガイド　連続型確率変数 X のとり得る値の範囲が $\alpha \leqq X \leqq \beta$ で，確率密度関数が $f(x)$ のとき，平均 $E(X)=m$ と分散 $V(X)$ は次の式で与えられる。

$$\boldsymbol{E(X)=\int_{\alpha}^{\beta} x f(x)\,dx}$$

$$\boldsymbol{V(X)=\int_{\alpha}^{\beta}(x-m)^2 f(x)\,dx}$$

また，X の標準偏差 $\sigma(X)$ は，$\sigma(X)=\sqrt{V(X)}$ である。

解答　**平均**は，　$E(X)=\int_0^2 x\cdot\frac{1}{2}x\,dx=\int_0^2\frac{1}{2}x^2dx=\left[\frac{1}{6}x^3\right]_0^2=\mathbf{\frac{4}{3}}$

分散は，　$V(X)=\int_0^2\left(x-\frac{4}{3}\right)^2\cdot\frac{1}{2}x\,dx=\int_0^2\left(\frac{1}{2}x^3-\frac{4}{3}x^2+\frac{8}{9}x\right)dx$

$=\left[\frac{1}{8}x^4-\frac{4}{9}x^3+\frac{4}{9}x^2\right]_0^2=\mathbf{\frac{2}{9}}$

標準偏差は，　$\sigma(X)=\sqrt{V(X)}=\sqrt{\frac{2}{9}}=\mathbf{\frac{\sqrt{2}}{3}}$

2　正規分布

問18　確率変数 Z が標準正規分布 $N(0,\ 1)$ に従うとき，次の確率を求めよ。

教科書 p.72

(1)　$P(Z \leqq 1.5)$　　(2)　$P(-1.56 \leqq Z \leqq 0.72)$　　(3)　$P(|Z| \leqq 1)$

ガイド　m を実数，σ を正の実数として，確率変数 X の確率密度関数 $f(x)$ が，$f(x)=\frac{1}{\sqrt{2\pi}\,\sigma}e^{-\frac{(x-m)^2}{2\sigma^2}}$ であるとき，この X の確率分布を**正規分布**といい，$\boldsymbol{N(m,\ \sigma^2)}$ で表す。このとき，確率変数 X は正規分布 $N(m,\ \sigma^2)$ に従うといい，曲線 $y=f(x)$ を**正規分布曲線**という。

ただし，e は無理数の定数で，$e=2.71828\cdots\cdots$ である。
また，次のことが知られている。

ここがポイント **[正規分布の平均，標準偏差]**
X が正規分布 $N(m,\ \sigma^2)$ に従う確率変数であるとき，
平均 $E(X)=m$　　標準偏差 $\sigma(X)=\sigma$

正規分布 $N(0,\ 1)$ を**標準正規分布**といい，確率密度関数は
$f(z)=\dfrac{1}{\sqrt{2\pi}}e^{-\frac{z^2}{2}}$ となる。

確率変数 Z が標準正規分布 $N(0,\ 1)$ に従うとき，確率 $P(0\leqq Z\leqq u)$ の値を u のいろいろな値に対して計算して表にまとめたものを**正規分布表**という。

標準正規分布では，グラフは y 軸に関して対称であるから，
$$P(-u\leqq Z\leqq 0)=P(0\leqq Z\leqq u)$$
$$P(Z\leqq 0)=P(Z\geqq 0)=0.5$$
が成り立つ。

解答 (1) $P(Z\leqq 1.5)=P(Z\leqq 0)+P(0\leqq Z\leqq 1.5)$
$=P(Z\geqq 0)+P(0\leqq Z\leqq 1.5)$
$=0.5+0.4332=\mathbf{0.9332}$

(2) $P(-1.56\leqq Z\leqq 0.72)=P(-1.56\leqq Z\leqq 0)+P(0\leqq Z\leqq 0.72)$
$=P(0\leqq Z\leqq 1.56)+P(0\leqq Z\leqq 0.72)$
$=0.4406+0.2642=\mathbf{0.7048}$

(3) $P(|Z|\leqq 1)=P(-1\leqq Z\leqq 1)$
$=P(-1\leqq Z\leqq 0)+P(0\leqq Z\leqq 1)=2\times P(0\leqq Z\leqq 1)$
$=2\times 0.3413=\mathbf{0.6826}$

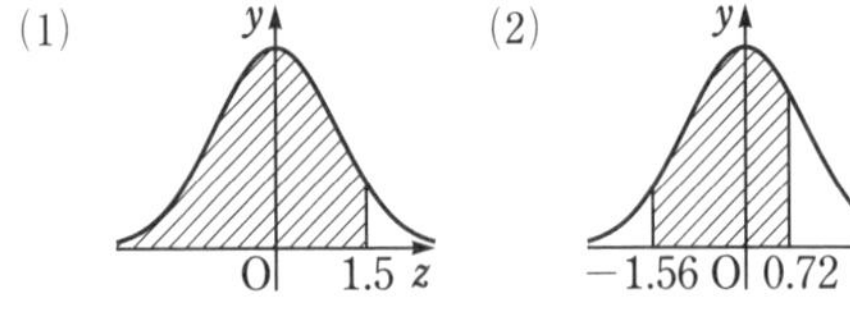

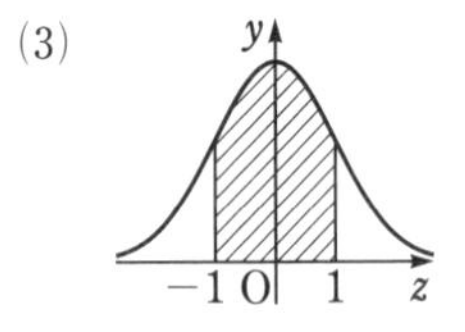

注意 正規分布のような連続型の分布では，$P(Z=u)$ は 0 であるから，$P(Z>u)=P(Z\geqq u)$ である。

問19 確率変数 X が正規分布 $N(8,\ 5^2)$ に従うとき，次の確率を求めよ。

教科書 p.73

(1)　$P(X \leqq 0)$　　　(2)　$P(10 \leqq X \leqq 20)$

ガイド

ここがポイント **[正規分布と標準正規分布]**

確率変数 X が正規分布 $N(m,\ \sigma^2)$ に従うとき，$Z=\dfrac{X-m}{\sigma}$ とすると，確率変数 Z は標準正規分布 $N(0,\ 1)$ に従う。

この Z のことを，X を**標準化した確率変数**という。

確率変数 X が正規分布 $N(m,\ \sigma^2)$ に従うときも，X を標準化し標準正規分布 $N(0,\ 1)$ に変換することにより，X の確率を求めることができる。

解答 X が $N(8,\ 5^2)$ に従うとき，$Z=\dfrac{X-8}{5}$ は $N(0,\ 1)$ に従う。

(1)　$P(X \leqq 0)$ を Z に変換して求めると，$X=5Z+8$ より，

$$\begin{aligned} P(X \leqq 0) &= P(5Z+8 \leqq 0) \\ &= P(Z \leqq -1.6) \\ &= P(Z \geqq 1.6) \\ &= P(Z \geqq 0) - P(0 \leqq Z \leqq 1.6) \\ &= 0.5 - 0.4452 = \mathbf{0.0548} \end{aligned}$$

(2)　$P(10 \leqq X \leqq 20)$ を Z に変換して求めると，$X=5Z+8$ より，

$$\begin{aligned} P(10 \leqq X \leqq 20) &= P(10 \leqq 5Z+8 \leqq 20) \\ &= P(0.4 \leqq Z \leqq 2.4) \\ &= P(0 \leqq Z \leqq 2.4) - P(0 \leqq Z \leqq 0.4) \\ &= 0.4918 - 0.1554 = \mathbf{0.3364} \end{aligned}$$

問20 ある高校の男子生徒の身長が，平均 170.2 cm，標準偏差 5.6 cm の正規分布に従うとする。このとき，身長が 180 cm 以上の生徒は，この高校でおよそ何％いるか。四捨五入して上から 2 桁の概数で答えよ。

教科書 p.74

ガイド 身長を X とし，確率変数 X を標準化する。

解答 身長を X とすると，X は正規分布 $N(170.2,\ 5.6^2)$ に従う。

このとき，$Z=\dfrac{X-170.2}{5.6}$ とすると，Z は $N(0,\ 1)$ に従う。

$X=5.6Z+170.2$ より，

$$\begin{aligned} P(X\geqq 180)&=P(5.6Z+170.2\geqq 180)\\ &=P(Z\geqq 1.75)\\ &=P(Z\geqq 0)-P(0\leqq Z\leqq 1.75)\\ &=0.5-0.4599=0.0401 \end{aligned}$$

よって，　およそ **4.0%**

3 二項分布の正規分布による近似

問21 1個のさいころを720回投げるとき，1の目が140回以上出る確率を求めよ。

教科書 p.76

ガイド

ここがポイント [二項分布の正規分布による近似]

確率変数 X が二項分布 $B(n,\ p)$ に従うとき，n が大きければ，X は正規分布 $N(np,\ npq)$ に従うとしてよい。ただし，$q=1-p$

$Z=\dfrac{X-m}{\sigma}=\dfrac{X-np}{\sqrt{npq}}$ とすると，確率変数 Z は，ほぼ標準正規分布 $N(0,\ 1)$ に従うといえる。

解答 1の目が出る回数を X とすると，X は二項分布 $B\left(720,\ \dfrac{1}{6}\right)$ に従い，平均 m と標準偏差 σ は，

$$m=720\cdot\frac{1}{6}=120$$

$$\sigma=\sqrt{720\cdot\frac{1}{6}\cdot\frac{5}{6}}=10$$

X は正規分布 $N(120,\ 10^2)$ に従うとしてよい。

ここで，$Z=\dfrac{X-m}{\sigma}=\dfrac{X-120}{10}$ とすると，Z は $N(0,\ 1)$ に従うとしてよい。

したがって，1の目が140回以上出る確率 $P(X \geqq 140)$ は，
$X=10Z+120$ より，

$$P(X \geqq 140)=P(10Z+120 \geqq 140)$$
$$=P(Z \geqq 2)$$
$$=P(Z \geqq 0)-P(0 \leqq Z \leqq 2)$$
$$=0.5-0.4772=\mathbf{0.0228}$$

問22 1枚の硬貨を400回投げるとき，表の出る回数が195回以上210回以下となる確率を求めよ。

教科書 p.76

ガイド 二項分布の正規分布による近似を行う。

解答 表の出る回数を X とすると，X は二項分布 $B\left(400,\ \dfrac{1}{2}\right)$ に従い，平均 m と標準偏差 σ は，

$$m=400\cdot\frac{1}{2}=200$$
$$\sigma=\sqrt{400\cdot\frac{1}{2}\cdot\frac{1}{2}}=10$$

X は正規分布 $N(200,\ 10^2)$ に従うとしてよい。

ここで，$Z=\dfrac{X-m}{\sigma}=\dfrac{X-200}{10}$ とすると，Z は $N(0,\ 1)$ に従うとしてよい。

したがって，表の出る回数が195回以上210回以下となる確率 $P(195 \leqq X \leqq 210)$ は，$X=10Z+200$ より，

$$P(195 \leqq X \leqq 210)=P(195 \leqq 10Z+200 \leqq 210)$$
$$=P(-0.5 \leqq Z \leqq 1)$$
$$=P(0 \leqq Z \leqq 0.5)+P(0 \leqq Z \leqq 1)$$
$$=0.1915+0.3413=\mathbf{0.5328}$$

節末問題

第2節 | 正規分布

1 教科書 p.77

確率変数 X のとり得る値の範囲が $0 \leqq X \leqq 2$ で，確率密度関数が $f(x)=kx$ であるとき，次の問いに答えよ。ただし，k は定数とする。

(1) k の値を求めよ。

(2) $P\left(\frac{1}{2} \leqq X \leqq \frac{3}{4}\right)$ を求めよ。

(3) $P(X \leqq \alpha)=\frac{1}{4}$ となる α の値を求めよ。

ガイド (1) 確率変数 X のとり得る値の範囲が $0 \leqq X \leqq 2$ であるから，

$$P(0 \leqq X \leqq 2)=1$$

(3) 確率変数 X のとり得る値の範囲が $0 \leqq X \leqq 2$ であるから，

$$P(X \leqq \alpha)=P(0 \leqq X \leqq \alpha)$$

解答 (1) $P(0 \leqq X \leqq 2)=\int_0^2 kx\,dx=\left[\frac{1}{2}kx^2\right]_0^2=2k$

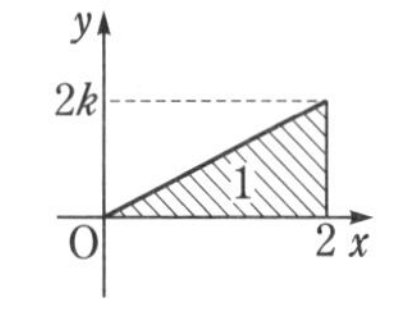

$P(0 \leqq X \leqq 2)=1$ より，　$2k=1$

よって，　$\boldsymbol{k=\frac{1}{2}}$

(2) $P\left(\frac{1}{2} \leqq X \leqq \frac{3}{4}\right)=\int_{\frac{1}{2}}^{\frac{3}{4}} \frac{1}{2}x\,dx=\left[\frac{1}{4}x^2\right]_{\frac{1}{2}}^{\frac{3}{4}}$

$$=\frac{9}{64}-\frac{1}{16}=\boldsymbol{\frac{5}{64}}$$

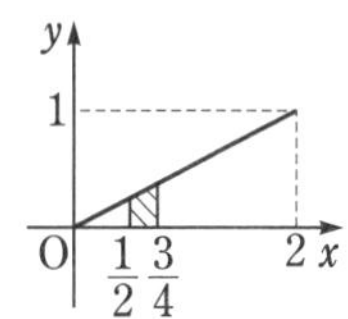

(3) $P(X \leqq \alpha)=P(0 \leqq X \leqq \alpha)$

$$=\int_0^{\alpha} \frac{1}{2}x\,dx=\left[\frac{1}{4}x^2\right]_0^{\alpha}=\frac{1}{4}\alpha^2$$

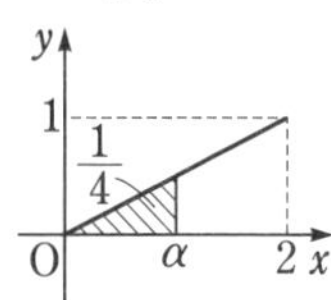

$P(X \leqq \alpha)=\frac{1}{4}$ より，　$\frac{1}{4}\alpha^2=\frac{1}{4}$

したがって，　$\alpha^2=1$

よって，$0 \leqq \alpha \leqq 2$ より，　$\boldsymbol{\alpha=1}$

2 確率変数 X が正規分布 $N(50,\ 10^2)$ に従うとき，次の確率を求めよ。

教科書 p.77

(1) $P(X \leqq 55)$　　(2) $P(60 \leqq X \leqq 70)$　　(3) $P(X \geqq 65)$

ガイド $Z=\dfrac{X-50}{10}$ は標準正規分布 $N(0,\ 1)$ に従う。

解答 X が $N(50,\ 10^2)$ に従うとき，$Z=\dfrac{X-50}{10}$ は $N(0,\ 1)$ に従う。

このとき，$X=10Z+50$ である。

(1) $P(X \leqq 55)$ を Z に変換して求めると，

$$
\begin{aligned}
&P(X \leqq 55)\\
&=P(10Z+50 \leqq 55)\\
&=P(Z \leqq 0.5)\\
&=P(Z \leqq 0)+P(0 \leqq Z \leqq 0.5)\\
&=0.5+0.1915=\mathbf{0.6915}
\end{aligned}
$$

(2) $P(60 \leqq X \leqq 70)$ を Z に変換して求めると，

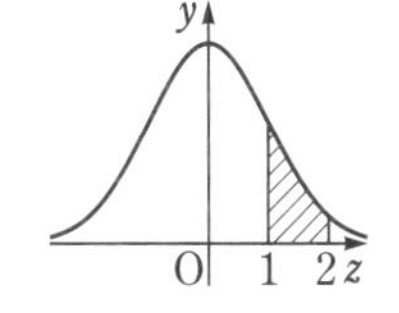

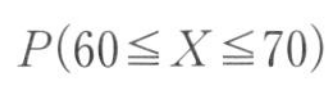

$$
\begin{aligned}
&P(60 \leqq X \leqq 70)\\
&=P(60 \leqq 10Z+50 \leqq 70)\\
&=P(1 \leqq Z \leqq 2)\\
&=P(0 \leqq Z \leqq 2)-P(0 \leqq Z \leqq 1)\\
&=0.4772-0.3413=\mathbf{0.1359}
\end{aligned}
$$

(3) $P(X \geqq 65)$ を Z に変換して求めると，

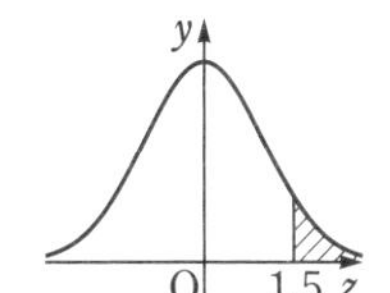

$$
\begin{aligned}
&P(X \geqq 65)\\
&=P(10Z+50 \geqq 65)\\
&=P(Z \geqq 1.5)\\
&=P(Z \geqq 0)-P(0 \leqq Z \leqq 1.5)\\
&=0.5-0.4332=\mathbf{0.0668}
\end{aligned}
$$

3 確率変数 X が正規分布 $N(50,\ 10^2)$ に従うとき，$P(X \geqq \alpha)=0.2$ を満たす α のおよその値を求めよ。

教科書 p.77

ガイド $Z=\dfrac{X-50}{10}$ は標準正規分布 $N(0,\ 1)$ に従う。

解答 X が $N(50,\ 10^2)$ に従うとき，$Z=\dfrac{X-50}{10}$ は $N(0,\ 1)$ に従う。

$X=10Z+50$ より，

$$P(X \geqq \alpha)=P(10Z+50 \geqq \alpha)$$
$$=P\left(Z \geqq \frac{\alpha-50}{10}\right)=0.2$$

であるから，

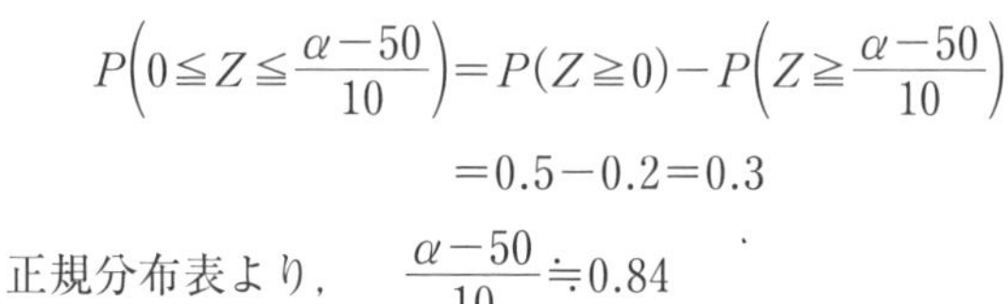

$$P\left(0 \leqq Z \leqq \frac{\alpha-50}{10}\right)=P(Z \geqq 0)-P\left(Z \geqq \frac{\alpha-50}{10}\right)$$
$$=0.5-0.2=0.3$$

正規分布表より，　$\dfrac{\alpha-50}{10} \fallingdotseq 0.84$

よって，　$\alpha \fallingdotseq \mathbf{58.4}$

4 教科書 p.77

1個のさいころを200回投げるとき，3の倍数の目の出る回数が55回以下となる確率を求めよ。

ガイド 3の倍数の目の出る回数を X とすると，X は二項分布 $B\left(200,\ \dfrac{1}{3}\right)$ に従う。

確率変数 X が二項分布 $B(n,\ p)$ に従うとき，n が大きければ，

$Z=\dfrac{X-np}{\sqrt{npq}}$ $(q=1-p)$ は，標準正規分布 $N(0,\ 1)$ に従うとしてよい。

解答 3の倍数の目の出る回数を X とすると，X は二項分布 $B\left(200,\ \dfrac{1}{3}\right)$ に従い，平均 m と標準偏差 σ は，

$$m=200\cdot\frac{1}{3}=\frac{200}{3}$$

$$\sigma=\sqrt{200\cdot\frac{1}{3}\cdot\frac{2}{3}}=\frac{20}{3}$$

X は正規分布 $N\left(\dfrac{200}{3},\ \left(\dfrac{20}{3}\right)^2\right)$ に従うとしてよい。

ここで，$Z=\dfrac{X-\dfrac{200}{3}}{\dfrac{20}{3}}=\dfrac{3X-200}{20}$ とすると，Z は $N(0,\ 1)$ に従うとしてよい。

したがって，3の倍数の目の出る回数が55回以下となる確率 $P(X \leqq 55)$ は，$X=\dfrac{20Z+200}{3}$ より，

$$P(X \leqq 55)=P\left(\frac{20Z+200}{3} \leqq 55\right)$$
$$=P(Z \leqq -1.75)=P(Z \geqq 1.75)$$
$$=P(Z \geqq 0)-P(0 \leqq Z \leqq 1.75)$$
$$=0.5-0.4599=\mathbf{0.0401}$$

5　教科書 p.77

2枚の硬貨を1200回投げるとき，2枚とも表の出る回数が276回以上となる確率を求めよ。

ガイド　2枚とも表の出る回数を X とすると，X は二項分布 $B\left(1200,\ \dfrac{1}{4}\right)$ に従う。**4** と同様に，二項分布の正規分布による近似を行う。

解答　2枚とも表の出る回数を X とすると，X は二項分布 $B\left(1200,\ \dfrac{1}{4}\right)$ に従い，平均 m と標準偏差 σ は，

$$m=1200 \cdot \frac{1}{4}=300$$

$$\sigma=\sqrt{1200 \cdot \frac{1}{4} \cdot \frac{3}{4}}=15$$

X は正規分布 $N(300,\ 15^2)$ に従うとしてよい。

ここで，$Z=\dfrac{X-300}{15}$ とすると，Z は $N(0,\ 1)$ に従うとしてよい。

したがって，2枚とも表の出る回数が276回以上となる確率 $P(X \geqq 276)$ は，$X=15Z+300$ より，

$$P(X \geqq 276)=P(15Z+300 \geqq 276)$$
$$=P(Z \geqq -1.6)=P(-1.6 \leqq Z \leqq 0)+P(Z \geqq 0)$$
$$=P(0 \leqq Z \leqq 1.6)+P(Z \geqq 0)$$
$$=0.4452+0.5=\mathbf{0.9452}$$

第3節 統計的な推測

1 母集団と標本

問23 1から5までの数字が1つずつ書かれた玉の入った袋から，玉を1個ずつ非復元抽出する。抽出する順序を区別しないとき，大きさ2の標本の選び方は何通りあるか。

教科書 p.80

ガイド 統計調査には，学校の健康診断のように，調査の対象全体をもれなく調べる**全数調査**と，テレビの視聴率や卵の品質調査のように，その一部を抜き出して調べ，それから全体を推測しようとする**標本調査**がある。

標本調査では，調べようとする調査の対象全体を**母集団**といい，その要素の個数を**母集団の大きさ**という。

そして，調査のために母集団から抜き出された要素の全体を**標本**といい，標本に含まれる要素の個数を**標本の大きさ**という。

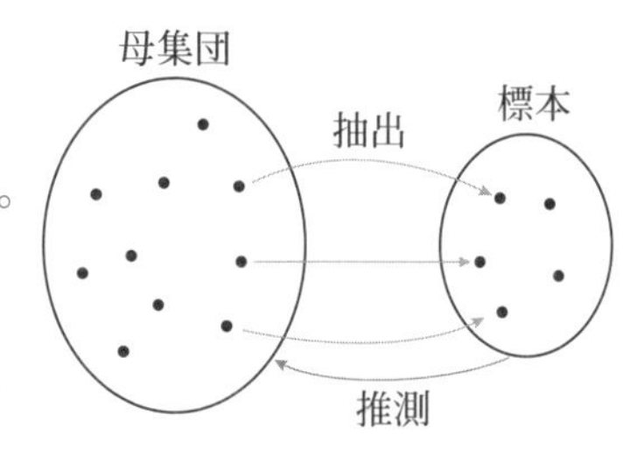

また，標本を抜き出すことを**抽出**という。

母集団の特徴を正しく推測するためには，標本に偏りがないように，確率的にみて公平な抽出をしなければならない。

このような標本の抜き出し方を**無作為抽出**といい，無作為抽出によって選ばれた標本を**無作為標本**という。

無作為抽出を行うために，**乱数さい**という特殊なさいころや**乱数表**という表を用いたり，コンピュータによって発生させた乱数を利用したりする。

母集団から標本を抽出するとき，抽出のたびに要素をもとに戻し，あらためて次の要素を抽出する方法を**復元抽出**という。これに対して，もとに戻さないで続けて次の要素を抽出する方法を**非復元抽出**という。

解答 抽出する順序を区別しないとき，5個から2個とる組合せであるから，　${}_5C_2=\mathbf{10}$ **(通り)**

問24 1等500円が2本，2等300円が6本，3等100円が12本の合計20本のくじを母集団とする。このくじを1本引いたときの賞金 X の母平均 m，母分散 σ^2，母標準偏差 σ をそれぞれ求めよ。

教科書 p.81

ガイド 身長や体重のように，母集団の特性のうち，特に数量的に表されるものを**変量**という。

大きさ N の母集団において，変量 X のとる異なる値を x_1，x_2，……，x_k とし，それぞれの値をとる個数を，それぞれ f_1，f_2，……，f_k とする。ここで，母集団の中から要素を1つ無作為抽出するとき，各要素が抽出される確率は等しいことから，X が x_i となる確率 p_i は，

$$p_i=\frac{f_i}{N}\quad(i=1,\ 2,\ \cdots\cdots,\ k)$$

であり，X は確率変数とみなすことができる。

また，確率分布は右の表のようになり，この確率分布を，**母集団分布**という。母集団分布の平均，分散，標準偏差を，それぞれ**母平均**，**母分散**，**母標準偏差**といい，m，σ^2，σ で表す。

X	x_1	x_2	……	x_k	計
P	p_1	p_2	……	p_k	1

解答 賞金 X の母集団分布は右の表のようになり，母平均 m，母分散 σ^2，母標準偏差 σ は，それぞれ次のようになる。

X	500	300	100	計
P	$\frac{1}{10}$	$\frac{3}{10}$	$\frac{6}{10}$	1

$$\boldsymbol{m}=500\cdot\frac{1}{10}+300\cdot\frac{3}{10}+100\cdot\frac{6}{10}$$

$$=\frac{2000}{10}=\mathbf{200}$$

$$\boldsymbol{\sigma}^2=(500-200)^2\cdot\frac{1}{10}+(300-200)^2\cdot\frac{3}{10}+(100-200)^2\cdot\frac{6}{10}$$

$$=\frac{180000}{10}=\mathbf{18000}$$

$$\boldsymbol{\sigma}=\sqrt{18000}=\mathbf{60\sqrt{5}}$$

問25 ある国では，10 人に 1 人の割合で左利きであることがわかっている。その国の 100 人を無作為抽出するとき，k 番目に抽出した人が左利きであれば 1，右利きであれば 0 の値をとる確率変数を X_k とする。この標本の標本平均 $\overline{X}$ の平均と標準偏差を求めよ。

教科書 p.83

ガイド 母集団から大きさ n の無作為標本 $(X_1,\ X_2,\ \cdots\cdots,\ X_n)$ を抽出するとき，

$$\overline{X}=\frac{1}{n}(X_1+X_2+\cdots\cdots+X_n)$$

を**標本平均**という。標本平均 $\overline{X}$ は確率変数である。

ここがポイント [標本平均の平均と標準偏差]

母平均 m，母標準偏差 σ の母集団から大きさ n の無作為標本を抽出するとき，

1. 標本平均 $\overline{X}$ の平均は，　$E(\overline{X})=m$
2. 標本平均 $\overline{X}$ の標準偏差は，　$\sigma(\overline{X})=\dfrac{\sigma}{\sqrt{n}}$

解答 母集団はある国の人全体であり，母集団における変量は，左利きであるとき 1，右利きであるとき 0 という 2 つの値をとる。このときの母平均 m と母標準偏差 σ を求めると，

$$m=1\cdot\frac{1}{10}+0\cdot\frac{9}{10}=\frac{1}{10}$$

$$\sigma=\sqrt{\left(1^2\cdot\frac{1}{10}+0^2\cdot\frac{9}{10}\right)-m^2}=\sqrt{\frac{1}{10}-\left(\frac{1}{10}\right)^2}=\frac{3}{10}$$

したがって，$\overline{X}$ の**平均**と**標準偏差**は，

$$E(\overline{X})=m=\mathbf{\frac{1}{10}},\qquad \sigma(\overline{X})=\frac{\sigma}{\sqrt{100}}=\mathbf{\frac{3}{100}}$$

問26 電子マネーの 1 ヶ月間の利用金額について，母平均が 24300 円，母標準偏差が 7000 円となる母集団を考える。ここから大きさ 400 の標本を無作為抽出するとき，その標本平均が 25000 円以上になる確率を求めよ。

教科書 p.85

ガイド

ここがポイント [標本平均の分布]

母平均 m，母標準偏差 σ の母集団から抽出された大きさ n の標本の標本平均 $\overline{X}$ は，n が大きいとき，正規分布 $N\left(m,\ \dfrac{\sigma^2}{n}\right)$ に従うとしてよい。

本書 p.83 で学んだように標本平均 $\overline{X}$ を標準化することによって，正規分布表を利用して標本平均 $\overline{X}$ の分布を調べることができる。

解答 $m=24300$，$\sigma=7000$，$n=400$ であるから，この標本平均 $\overline{X}$ は，正規分布 $N\left(24300,\ \dfrac{7000^2}{400}\right)$ に従うとしてよい。

ここで，$Z=\dfrac{\overline{X}-24300}{\dfrac{7000}{\sqrt{400}}}$ とすると，Z は $N(0,\ 1)$ に従うとしてよい。

$\overline{X}=25000$ とすると，$Z=2.0$ であるから，

$$P(\overline{X}\geqq 25000)=P(Z\geqq 2.0)$$
$$=0.5-0.4772$$
$$=\mathbf{0.0228}$$

注意 母集団分布が正規分布のときは，n が大きくなくても，$\overline{X}$ はつねに正規分布 $N\left(m,\ \dfrac{\sigma^2}{n}\right)$ に従うことが知られている。

参考 標本平均 $\overline{X}$ の標準偏差が $\dfrac{\sigma}{\sqrt{n}}$ となることから，n が大きいとき，$\overline{X}$ は母平均 m の近くに集中して分布するようになる。このことは，**大数の法則**と呼ばれている。

2 推　定

□ **問27** ある市で，17 歳の男子 100 人を無作為抽出して身長を調べたところ，平均は 168 cm であった。このとき，この市の 17 歳の男子の身長の標準偏差を 6.5 cm として，この市の 17 歳の男子の平均身長を信頼度 95％ で推定せよ。

教科書 p.87

ガイド 母平均 m, 母標準偏差 σ の母集団から抽出した大きさ n の標本の標本平均 $\overline{X}$ について，n が大きいとき，不等式

$$\overline{X}-1.96\times\frac{\sigma}{\sqrt{n}}\leqq m\leqq\overline{X}+1.96\times\frac{\sigma}{\sqrt{n}} \quad \cdots\cdots①$$

が成り立つ確率が 0.95 である。①で示される範囲を，母平均 m に対する**信頼度** 95％ の**信頼区間**といい，

$$\left[\overline{X}-1.96\times\frac{\sigma}{\sqrt{n}},\ \overline{X}+1.96\times\frac{\sigma}{\sqrt{n}}\right]$$

のように表す。

このように，母平均 m について信頼度 95％ の信頼区間を求めることを，母平均 m を信頼度 95％ で推定するまたは区間推定するという。

解答 信頼度 95％ の信頼区間 $\left[\overline{X}-1.96\times\frac{\sigma}{\sqrt{n}},\ \overline{X}+1.96\times\frac{\sigma}{\sqrt{n}}\right]$ に
$n=100$, $\overline{X}=168$, $\sigma=6.5$ を代入すると，

$$\left[168-1.96\times\frac{6.5}{\sqrt{100}},\ 168+1.96\times\frac{6.5}{\sqrt{100}}\right]$$

よって，求める信頼区間は， **[166.7, 169.3]**

問28 ある市のガソリンスタンドのうち，36 ヶ所でガソリン 1 リットル当たりの価格を調べたところ，平均価格は 129.7 円，標準偏差は 1.2 円であった。この市のすべてのガソリンスタンドにおけるガソリン 1 リットル当たりの平均価格を，信頼度 95％ で推定せよ。

教科書 p.88

ガイド 標本の大きさ n が大きいときには，σ を標本の標準偏差の値 s でおき換えても，大きな違いは生じないことから，次のことがいえる。

ここがポイント **[母平均の推定]**

標本の大きさ n が大きいとき，標本平均を $\overline{X}$，標本の標準偏差を s とすると，母平均 m に対する信頼度 95％ の信頼区間は，

$$\left[\overline{X}-1.96\times\frac{s}{\sqrt{n}},\ \overline{X}+1.96\times\frac{s}{\sqrt{n}}\right]$$

解答 信頼度 95% の信頼区間 $\left[\overline{X}-1.96\times\frac{s}{\sqrt{n}},\ \overline{X}+1.96\times\frac{s}{\sqrt{n}}\right]$ に

$n=36$, $\overline{X}=129.7$, $s=1.2$ を代入すると,

$$\left[129.7-1.96\times\frac{1.2}{\sqrt{36}},\ 129.7+1.96\times\frac{1.2}{\sqrt{36}}\right]$$

よって, 求める信頼区間は, $\mathbf{[129.3,\ 130.1]}$

参考 母平均 m に対する信頼度 99% の信頼区間は,

$$\left[\overline{X}-2.58\times\frac{s}{\sqrt{n}},\ \overline{X}+2.58\times\frac{s}{\sqrt{n}}\right]$$

問29 日本国内におけるある音楽グループを知っている人の割合を調べるために, 無作為調査を行ったところ, 500 人の回答が得られ, そのうち 50 人がこの音楽グループのことを知っていた。日本国内におけるこの音楽グループを知っている人の割合を信頼度 95% で推定せよ。

教科書 p.90

ガイド 母集団の中である性質Aをもつ要素の割合をその**母比率**といい, 抽出された標本の中で性質Aをもつ要素の割合を**標本比率**という。

標本の大きさ n が大きいとき, 標本比率を R とすると, 母比率 p に対する信頼度 95% の信頼区間は,

$$\left[R-1.96\times\sqrt{\frac{R(1-R)}{n}},\ R+1.96\times\sqrt{\frac{R(1-R)}{n}}\right]$$

解答 標本比率 R は, $R=\frac{50}{500}=0.1$

であるから, 母比率 (日本国内におけるある音楽グループを知っている人の割合) に対する信頼度 95% の信頼区間

$$\left[R-1.96\times\sqrt{\frac{R(1-R)}{n}},\ R+1.96\times\sqrt{\frac{R(1-R)}{n}}\right]$$

に $n=500$, $R=0.1$ を代入すると,

$$\left[0.1-1.96\times\sqrt{\frac{0.1(1-0.1)}{500}},\ 0.1+1.96\times\sqrt{\frac{0.1(1-0.1)}{500}}\right]$$

よって, 求める信頼区間は, $\mathbf{[0.074,\ 0.126]}$

3 仮説検定

問30 ある工場で作られているボルトの直径は 7 mm であるという。ある日，作られたボルト 256 個を調べたところ，直径の平均は 7.01 mm，標準偏差は 0.02 mm であった。この工場で作られているボルトの直径は 7 mm といえるか。帰無仮説 H_0 を「直径は 7 mm である」，対立仮説 H_1 を「直径は 7 mm でない」として，有意水準 5 % で検定せよ。

教科書 p.93

ガイド はじめに仮定する仮説を**帰無仮説**といい，それを否定する仮説を**対立仮説**という。帰無仮説が否定できるかどうかを調べて，対立仮説を受け入れるかどうかを判断する統計的な手法を**仮説検定**という。帰無仮説は $\mathbf{H_0}$，対立仮説は $\mathbf{H_1}$ で表す。

標本平均や標本比率について，帰無仮説を否定してもよいと考えられる値の範囲をあらかじめ定めておく必要がある。この範囲を**棄却域**という。棄却域は，基準となる数値 α をもとにして，標本平均や標本比率が棄却域に入る確率が α となるように定める。この α を**有意水準**または**危険率**といい，0.05 や 0.01 のような小さい値にとる。

母集団から抽出した標本の標本平均や標本比率の値が棄却域にあれば，帰無仮説は否定できると判断する。これを帰無仮説を**棄却する**という。このとき，対立仮説を受け入れる。

標本平均や標本比率の値が棄却域になければ，帰無仮説は否定できないと判断する。これを帰無仮説を**棄却しない**という。「帰無仮説を棄却しない」とは，帰無仮説を否定するだけの根拠が得られなかったという意味であり，帰無仮説が肯定されるということではない。

帰無仮説として母平均が m であると仮定したとき，標本平均 $\overline{X}$ についての有意水準 5 % の棄却域は，母標準偏差を σ，標本の大きさを n として，

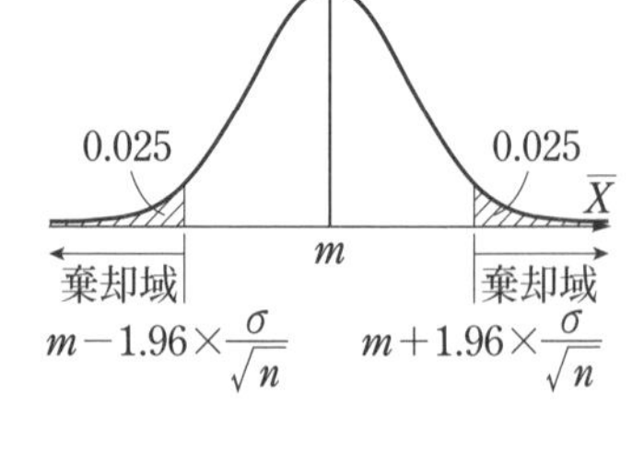

$$|\overline{X}-m|>1.96\times\frac{\sigma}{\sqrt{n}}$$

を満たす範囲とする。このように，棄却域を分布の両側に設定するような検定を**両側検定**という。

標本の大きさnが大きいとき，母標準偏差σを標本の標準偏差sでおき換えても大きな違いは生じないため，棄却域は，

$|\overline{X}-m|>1.96\times\dfrac{s}{\sqrt{n}}$ を満たす範囲と考えることができる。

解答 標本平均を$\overline{X}$とすると，$\overline{X}$の棄却域は，　$|\overline{X}-m|>1.96\times\dfrac{s}{\sqrt{n}}$

$s=0.02$，$n=256$ であり，帰無仮説より $m=7$ を代入すると，棄却域は，

$$|\overline{X}-7|>1.96\times\frac{0.02}{\sqrt{256}}=0.00245$$

を満たす範囲である。

ここで，$\overline{X}$ に 7.01 を代入すると，

$$|7.01-7|=0.01>0.00245$$

となり，帰無仮説は棄却されるから対立仮説を受け入れる。

すなわち，このボルトの**直径は 7 mm でないと判断できる**。

参考 有意水準 1％の棄却域は，$|\overline{X}-m|>2.58\times\dfrac{s}{\sqrt{n}}$ を満たす範囲とする。

問31 ある農場で生産されるメロンは 20％が規格外であるといわれている。このメロン 100 個を無作為抽出して調べたところ，12 個が規格外であった。このメロンの規格外の比率は 20％であるといえるか。帰無仮説 H_0 を「比率は 20％である」，対立仮説 H_1 を「比率は 20％でない」として，有意水準 5％で検定せよ。

教科書 p.95

ガイド 帰無仮説として母比率がpであると仮定したとき，標本比率Rについての有意水準 5％の棄却域は，標本の大きさをnとして，

$$|R-p|>1.96\times\sqrt{\frac{p(1-p)}{n}}$$

を満たす範囲とする。

解答 標本比率を R とすると，R の棄却域は，

$$|R-p|>1.96\times\sqrt{\frac{p(1-p)}{n}}$$

$n=100$ であり，帰無仮説より $p=0.2$ を代入すると，棄却域は，

$$|R-0.2|>1.96\times\sqrt{\frac{0.2(1-0.2)}{100}}=0.0784$$

を満たす範囲である。

ここで，$R=\frac{12}{100}=0.12$ を代入すると，

$$|0.12-0.2|=0.08>0.0784$$

となり，帰無仮説は棄却されるから対立仮説を受け入れる。

すなわち，このメロンの**規格外の比率は 20% でないと判断できる**。

問32 ある検定の合格率は 40% だといわれている。ある回の受検者から無作為抽出した 400 人に合否を確認したところ，150 人が合格していた。この検定の合格率は 40% であるといえるか，有意水準 5% で検定せよ。

教科書 p.95

ガイド 標本比率の棄却域を求めることができるように帰無仮説を設定する。
よって，「合格率は 40% である」を帰無仮説 H_0 とする。

解答 帰無仮説 H_0 を「合格率は 40% である」，
対立仮説 H_1 を「合格率は 40% でない」とする。

標本比率を R とすると，R の棄却域は，

$$|R-p|>1.96\times\sqrt{\frac{p(1-p)}{n}}$$

$n=400$ であり，帰無仮説より $p=0.4$ を代入すると，棄却域は，

$$|R-0.4|>1.96\times\sqrt{\frac{0.4(1-0.4)}{400}}\fallingdotseq 0.048$$

を満たす範囲である。

ここで，$R=\frac{150}{400}=0.375$ を代入すると，

$$|0.375-0.4|=0.025<0.048$$

となり，帰無仮説は棄却されない。

すなわち，この検定の**合格率は 40% でないとは判断できない**。

研究 片側検定

問題　ある宅配サービスの利用者 100 人を無作為抽出し，配達時間を調べたところ，平均は 25 分，標準偏差は 18 分であった。この宅配サービスの配達時間の平均は 30 分より短いといえるか。帰無仮説 H_0 を「平均は 30 分である」，対立仮説 H_1 を「平均は 30 分より短い」として，有意水準 5 % で片側検定せよ。

教科書 p.96

ガイド　検定を行う際，棄却域を分布の片側に設定することもある。このような検定を**片側検定**という。

片側検定では，本書 p.96 の標本平均 $\overline{X}$ について有意水準 5 % の場合，

$$|\overline{X}-m|>1.64\times\frac{\sigma}{\sqrt{n}}$$

を満たす範囲のうち，棄却域を上側に設定するときは m の右側の部分，下側に設定するときは m の左側の部分とする。

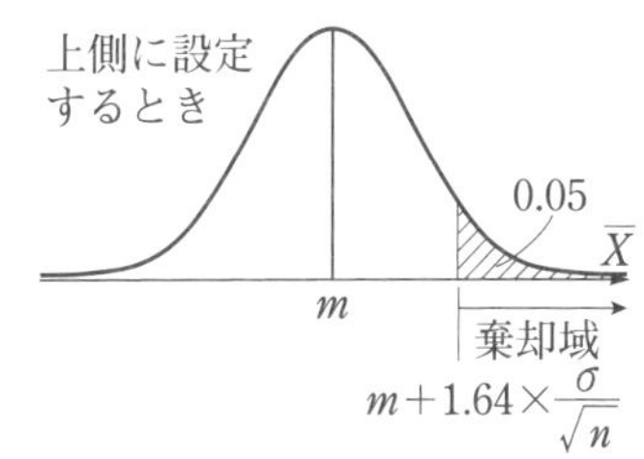

両側検定と同様に，標本の大きさ n が大きいとき，母標準偏差 σ を標本の標準偏差 s でおき換えても大きな違いは生じないため，棄却域は，$|\overline{X}-m|>1.64\times\dfrac{s}{\sqrt{n}}$ を満たす範囲と考えることができる。

解答　標本平均を $\overline{X}$ とすると，$s=18$，$n=100$ であり，帰無仮説より $m=30$ である。

対立仮説より $\overline{X}$ の棄却域は m の下側となり，

$$|\overline{X}-30|>1.64\times\frac{18}{\sqrt{100}}=2.952$$

を満たす範囲である。

ここで，$\overline{X}$ に 25 を代入すると，

$$|25-30|=5>2.952$$

となり，帰無仮説は棄却されるから対立仮説を受け入れる。

すなわち，この宅配サービスの**配達時間の平均は 30 分より短いと判断できる**。

4 標本調査の活用

問33 関東地区の標本世帯数は2700世帯である。ある番組の関東地区での世帯視聴率が10%のとき，関東地区全体の世帯視聴率を信頼度95%で推定せよ。

教科書 p.97

ガイド 信頼度95%の信頼区間

$\left[R-1.96\times\sqrt{\dfrac{R(1-R)}{n}},\ R+1.96\times\sqrt{\dfrac{R(1-R)}{n}}\right]$ に，$n=2700$，$R=0.1$ を代入する。

解答 標本比率は0.1であるから，母比率に対する信頼度95%の信頼区間は，

$$\left[0.1-1.96\times\sqrt{\frac{0.1(1-0.1)}{2700}},\ 0.1+1.96\times\sqrt{\frac{0.1(1-0.1)}{2700}}\right]$$

よって，　[0.089，0.111]

すなわち，信頼度95%で，関東地区全体の世帯視聴率は**8.9%以上11.1%以下**と推定される。

問34 教科書p.97の例20より，ある番組の関西地区での世帯視聴率が10%のとき，関西地区全体の世帯視聴率は，信頼度95%で8.3%以上11.7%以下と推定される。

世帯視聴率が1%上がるとき，例20の結果と比較せよ。ただし，関西地区の標本世帯数は1200世帯である。

教科書 p.97

ガイド 世帯視聴率が11%のときの関西地区全体の世帯視聴率を信頼度95%で推定し，例20の結果と比較する。

解答 標本比率は0.11となるから，母比率に対する信頼度95%の信頼区間は，

$$\left[0.11-1.96\times\sqrt{\frac{0.11(1-0.11)}{1200}},\ 0.11+1.96\times\sqrt{\frac{0.11(1-0.11)}{1200}}\right]$$

よって，　[0.092，0.128]

すなわち，信頼度95%で，関西地区全体の世帯視聴率は9.2%以上12.8%以下と推定され，**世帯視聴率が10%のときより，およそ1%高くなる**。

問35 Aさんは，全校生徒から100人を無作為抽出し，その番組を見ているかを聞いたところ，53人が見ていると回答した。この結果から，全校生徒の50％がその番組を見ているといえるか，有意水準5％で検定せよ。

教科書 p.97

ガイド 「その番組を見ている比率は，全校生徒の50％である」を帰無仮説 H_0 とする。

解答 帰無仮説 H_0 を「その番組を見ている比率は，全校生徒の50％である」，

対立仮説 H_1 を「その番組を見ている比率は，全校生徒の50％でない」とする。

標本比率を R とすると，R の棄却域は，

$$|R-p|>1.96\times\sqrt{\frac{p(1-p)}{n}}$$

$n=100$ であり，帰無仮説より $p=0.5$ を代入すると，棄却域は，

$$|R-0.5|>1.96\times\sqrt{\frac{0.5(1-0.5)}{100}}=0.098$$

を満たす範囲である。

ここで，$R=\frac{53}{100}=0.53$ を代入すると，

$$|0.53-0.5|=0.03<0.098$$

となり，帰無仮説は棄却されない。

すなわち，**その番組を見ている比率は，全校生徒の50％でないとは判断できない**。

問36 ある番組について，全校生徒の個人視聴率を信頼度95％で推定する。

教科書 p.98

教科書 p.98の応用例題13より，標本比率 R が50％であると仮定するとき，全校生徒から385人以上を無作為抽出して調べれば，信頼区間の幅が0.1以下になる。

信頼区間の幅を0.1からその半分の0.05にすると，抽出する必要がある人数はおよそ何倍になるか。また，さらに半分の0.025にすると人数はおよそ何倍になるか。

ガイド 抽出する人数を x 人とすると，標本比率 $R=0.5$ より，信頼度 95％の信頼区間は，

$$\left[0.5-1.96\times\sqrt{\frac{0.5(1-0.5)}{x}},\ 0.5+1.96\times\sqrt{\frac{0.5(1-0.5)}{x}}\right]$$

であり，信頼区間の幅は，$2\times1.96\times\sqrt{\dfrac{0.5(1-0.5)}{x}}$ となる。

この幅が 0.05 以下，0.025 以下となるときの x の値の範囲を求める。

解答 信頼区間の幅が **0.05 以下のとき**，

$$2\times1.96\times\sqrt{\frac{0.5(1-0.5)}{x}}\leqq0.05$$

これを解くと，$x\geqq1536.64$ となり，およそ **4 倍**になる。

また，信頼区間の幅が **0.025 以下のとき**，

$$2\times1.96\times\sqrt{\frac{0.5(1-0.5)}{x}}\leqq0.025$$

これを解くと，$x\geqq6146.56$ となり，およそ **16 倍**になる。

問37 教科書 p.98 Aさんは，全校生徒の中から 400 人を無作為抽出して，ある番組を見ているか調べたところ，216 人が見ていると回答した。一方で，新聞で公表されたその番組の個人視聴率は 16％ であった。このようなことが起こる原因を考えよ。

ガイド 新聞で公表される視聴率は何を母集団としているかを考える。

解答 (例)　新聞で公表される視聴率は，関東などの地区全体や日本全体を母集団としている。1つの学校の中から抽出する場合，調査する対象の年齢や地域に偏りがあり，地区全体や日本全体という母集団から無作為抽出することにはならないから，母集団の特徴と一致しないことがあると考えられる。

節末問題　　第3節｜統計的な推測

1 教科書 p.99

1, 2, 3 の数字を 1 つずつ書いたカードが，それぞれ 3 枚，2 枚，5 枚ある。この 10 枚のカードを母集団とするとき，カードの数字について次の問いに答えよ。

数字	1	2	3	計
度数	3	2	5	10

(1)　母平均 m と母標準偏差 σ を求めよ。

(2)　この母集団から，大きさ 4 の標本 X_1，X_2，X_3，X_4 を復元抽出するとき，その標本平均 $\overline{X}$ の平均 $E(\overline{X})$ と標準偏差 $\sigma(\overline{X})$ を求めよ。

ガイド　(2)　$E(\overline{X})=m$，$\sigma(\overline{X})=\dfrac{\sigma}{\sqrt{n}}$ である。

解答　(1)　カードに書かれた数字を X とすると，母集団分布は右の表のようになる。

X	1	2	3	計
P	$\frac{3}{10}$	$\frac{2}{10}$	$\frac{5}{10}$	1

$$m=1\cdot\frac{3}{10}+2\cdot\frac{2}{10}+3\cdot\frac{5}{10}=\boldsymbol{\frac{11}{5}}$$

また，$1^2\cdot\dfrac{3}{10}+2^2\cdot\dfrac{2}{10}+3^2\cdot\dfrac{5}{10}=\dfrac{28}{5}$ より，

$$\sigma=\sqrt{\frac{28}{5}-\left(\frac{11}{5}\right)^2}=\sqrt{\frac{19}{25}}=\boldsymbol{\frac{\sqrt{19}}{5}}$$

(2)　$$E(\overline{X})=m=\boldsymbol{\frac{11}{5}},\quad \sigma(\overline{X})=\frac{\sigma}{\sqrt{n}}=\frac{\frac{\sqrt{19}}{5}}{\sqrt{4}}=\frac{\frac{\sqrt{19}}{5}}{2}=\boldsymbol{\frac{\sqrt{19}}{10}}$$

2 教科書 p.99

ある高校で，全校生徒から 144 人を無作為抽出して身長を測定したところ，平均は 169.0 cm，標準偏差は 7.0 cm であった。この高校の全校生徒の平均身長を信頼度 95％ で推定せよ。

ガイド　信頼度 95％ の信頼区間 $\left[\overline{X}-1.96\times\dfrac{s}{\sqrt{n}},\ \overline{X}+1.96\times\dfrac{s}{\sqrt{n}}\right]$ に，$n=144$，$\overline{X}=169.0$，$s=7.0$ を代入する。

解答 信頼度 95% の信頼区間 $\left[\overline{X}-1.96\times\frac{s}{\sqrt{n}},\ \overline{X}+1.96\times\frac{s}{\sqrt{n}}\right]$ に

$n=144$, $\overline{X}=169.0$, $s=7.0$ を代入すると,

$$\left[169.0-1.96\times\frac{7.0}{\sqrt{144}},\ 169.0+1.96\times\frac{7.0}{\sqrt{144}}\right]$$

よって, 求める信頼区間は, **[167.9, 170.1]**

☐ 3

教科書 p.99

ある工場で作った製品 400 個のうち, 12 個が不良品であった。この工場で作った全製品における不良品の比率を, 信頼度 95% で推定せよ。

ガイド 信頼度 95% の信頼区間

$\left[R-1.96\times\sqrt{\frac{R(1-R)}{n}},\ R+1.96\times\sqrt{\frac{R(1-R)}{n}}\right]$ に, $n=400$,

$R=\frac{12}{400}=0.03$ を代入する。

解答 標本比率 R は, $R=\frac{12}{400}=0.03$

であるから, この工場で作った全製品における不良品の比率に対する信頼度 95% の信頼区間

$$\left[R-1.96\times\sqrt{\frac{R(1-R)}{n}},\ R+1.96\times\sqrt{\frac{R(1-R)}{n}}\right]$$

に $n=400$, $R=0.03$ を代入すると,

$$\left[0.03-1.96\times\sqrt{\frac{0.03(1-0.03)}{400}},\ 0.03+1.96\times\sqrt{\frac{0.03(1-0.03)}{400}}\right]$$

よって, 求める信頼区間は, **[0.013, 0.047]**

☐ 4

教科書 p.99

ある店で売られているメダルは 1 個の重さが 10 g であるという。このメダルを 196 個購入し, 重さを調べたところ, 平均は 10.05 g, 標準偏差は 0.04 g であった。この店のメダル 1 個の重さの平均は 10 g といえるか, 有意水準 5% で検定せよ。

ガイド 帰無仮説 H_0 を「平均は 10 g である」, 対立仮説 H_1 を「平均は 10 g でない」とする。

解答 帰無仮説 H_0 を「平均は 10 g である」,
対立仮説 H_1 を「平均は 10 g でない」とする。

標本平均を $\overline{X}$ とすると，$\overline{X}$ の棄却域は，　$|\overline{X}-m|>1.96\times\dfrac{s}{\sqrt{n}}$

$s=0.04$，$n=196$ であり，帰無仮説より $m=10$ を代入すると，棄却域は，

$$|\overline{X}-10|>1.96\times\frac{0.04}{\sqrt{196}}=0.0056$$

を満たす範囲である。

ここで，$\overline{X}$ に 10.05 を代入すると，

$$|10.05-10|=0.05>0.0056$$

となり，帰無仮説は棄却されるから対立仮説を受け入れる。

すなわち，メダル 1 個の**重さの平均は 10 g でないと判断できる**。

☐ **5**
教科書 p.99

ある一定の飼育条件に置いたテントウムシの卵の孵(ふ)化率は，55％ といわれている。この飼育条件のもとで，テントウムシの卵 100 個のうち 50 個が孵化した。このとき，孵化率は 55％ であるといえるか，有意水準 5％ で検定せよ。

ガイド 帰無仮説 H_0 を「孵化率は 55％ である」，対立仮説 H_1 を「孵化率は 55％ でない」とする。

解答 帰無仮説 H_0 を「孵化率は 55％ である」,
対立仮説 H_1 を「孵化率は 55％ でない」とする。

標本比率を R とすると，R の棄却域は，$|R-p|>1.96\times\sqrt{\dfrac{p(1-p)}{n}}$

$n=100$ であり，帰無仮説より $p=0.55$ を代入すると，棄却域は，

$$|R-0.55|>1.96\times\sqrt{\frac{0.55(1-0.55)}{100}}\fallingdotseq0.098$$

を満たす範囲である。

ここで，$R=\dfrac{50}{100}=0.5$ を代入すると，

$$|0.5-0.55|=0.05<0.098$$

となり，帰無仮説は棄却されない。

すなわち，**孵化率は 55％ でないとは判断できない**。

章末問題

A

1. 教科書 p.100

1から6までの数字を1つずつ書いた6枚のカードがある。この中から同時に2枚を引くとき，引いたカードの数字の大きい方をXとする。このとき，次の問いに答えよ。

(1) Xの確率分布を求めよ。

(2) Xの平均と標準偏差を求めよ。

(3) $Y=3X-2$ とするとき，確率変数Yの平均と標準偏差を求めよ。

ガイド (3) $E(aX+b)=aE(X)+b$，$\sigma(aX+b)=|a|\sigma(X)$ を利用する。

解答 (1) カードの引き方の総数は，${}_6C_2=15$（通り）ある。

Xのとり得る値は，2，3，4，5，6であり，$X=2$ となるのは，2のカードと1のカードを引く場合の1通りで，$P(X=2)=\dfrac{1}{15}$

$X=3$，4，5，6 のときも同様に考えて，

$$P(X=3)=\frac{2}{15},\quad P(X=4)=\frac{3}{15},$$

$$P(X=5)=\frac{4}{15},\quad P(X=6)=\frac{5}{15}$$

よって，Xの確率分布は，右の表のようになる。

X	2	3	4	5	6	計
P	$\frac{1}{15}$	$\frac{2}{15}$	$\frac{3}{15}$	$\frac{4}{15}$	$\frac{5}{15}$	1

(2) Xの**平均**は，

$$E(X)=2\cdot\frac{1}{15}+3\cdot\frac{2}{15}+4\cdot\frac{3}{15}+5\cdot\frac{4}{15}+6\cdot\frac{5}{15}=\mathbf{\frac{14}{3}}$$

また，

$$E(X^2)=2^2\cdot\frac{1}{15}+3^2\cdot\frac{2}{15}+4^2\cdot\frac{3}{15}+5^2\cdot\frac{4}{15}+6^2\cdot\frac{5}{15}=\frac{70}{3}$$

したがって，Xの分散は，

$$V(X)=E(X^2)-\{E(X)\}^2=\frac{70}{3}-\left(\frac{14}{3}\right)^2=\frac{14}{9}$$

よって，Xの**標準偏差**は，$\sigma(X)=\sqrt{V(X)}=\sqrt{\dfrac{14}{9}}=\mathbf{\dfrac{\sqrt{14}}{3}}$

(3) Y の**平均**は，

$$E(Y)=E(3X-2)=3E(X)-2=3\cdot\frac{14}{3}-2=\mathbf{12}$$

Y の**標準偏差**は，

$$\sigma(Y)=\sigma(3X-2)=|3|\sigma(X)=3\cdot\frac{\sqrt{14}}{3}=\sqrt{\mathbf{14}}$$

☐ **2.** 教科書 p.100

当たりくじが2本入っている7本のくじから，Aが1本を引き，続いて残りのくじからBが2本を同時に引くとき，A，Bの当たりくじの本数を，それぞれ X，Y とする。このとき，次の問いに答えよ。

(1) X と Y の同時分布を求めよ。

(2) X，Y の平均を，それぞれ求めよ。

(3) $X+Y$ の平均を求めよ。

ガイド (3) $E(X+Y)=E(X)+E(Y)$ を利用する。

解答 (1)

$$P(X=0,\ Y=0)=\frac{5}{7}\times\frac{{}_4C_2}{{}_6C_2}=\frac{6}{21}$$

$$P(X=0,\ Y=1)=\frac{5}{7}\times\frac{{}_2C_1\times{}_4C_1}{{}_6C_2}=\frac{8}{21}$$

$$P(X=0,\ Y=2)=\frac{5}{7}\times\frac{{}_2C_2}{{}_6C_2}=\frac{1}{21}$$

$$P(X=1,\ Y=0)=\frac{2}{7}\times\frac{{}_5C_2}{{}_6C_2}=\frac{4}{21}$$

$$P(X=1,\ Y=1)=\frac{2}{7}\times\frac{{}_1C_1\times{}_5C_1}{{}_6C_2}=\frac{2}{21}$$

$$P(X=1,\ Y=2)=\frac{2}{7}\times 0=0$$

よって，X と Y の同時分布は，右の表のようになる。

X ＼ Y	0	1	2	計
0	$\frac{6}{21}$	$\frac{8}{21}$	$\frac{1}{21}$	$\frac{5}{7}$
1	$\frac{4}{21}$	$\frac{2}{21}$	0	$\frac{2}{7}$
計	$\frac{10}{21}$	$\frac{10}{21}$	$\frac{1}{21}$	1

(2) X の平均は,

$$\boldsymbol{E(X)}=0\cdot\frac{5}{7}+1\cdot\frac{2}{7}=\boldsymbol{\frac{2}{7}}$$

Y の平均は,

$$\boldsymbol{E(Y)}=0\cdot\frac{10}{21}+1\cdot\frac{10}{21}+2\cdot\frac{1}{21}=\boldsymbol{\frac{4}{7}}$$

(3) $X+Y$ の平均は,

$$\boldsymbol{E(X+Y)}=E(X)+E(Y)=\frac{2}{7}+\frac{4}{7}=\boldsymbol{\frac{6}{7}}$$

☐ **3.** 教科書 **p.100**

x 軸上を原点から出発し，1個のさいころを投げて，偶数の目が出れば正の方向へ1，奇数の目が出れば負の方向へ1進む点がある。さいころを5回投げるときの点の位置を X として，次の問いに答えよ。

(1) さいころを5回投げるとき，偶数の目が出る回数を Y として，X を Y を用いて表せ。

(2) X の平均と標準偏差を求めよ。

ガイド (2) まず Y の平均と標準偏差を求める。

解答 (1) 偶数の目が出る回数が Y より，奇数の目が出る回数は $5-Y$ であるから,

$$\boldsymbol{X}=1\cdot Y+(-1)\cdot(5-Y)=\boldsymbol{2Y-5}$$

(2) Y は二項分布 $B\left(5,\ \frac{1}{2}\right)$ に従うから,

Yの平均は,　$E(Y)=5\cdot\frac{1}{2}=\frac{5}{2}$

Yの標準偏差は,　$\sigma(Y)=\sqrt{5\cdot\frac{1}{2}\cdot\frac{1}{2}}=\frac{\sqrt{5}}{2}$

よって，X の**平均**は,

$$E(X)=E(2Y-5)=2E(Y)-5$$
$$=2\cdot\frac{5}{2}-5=\boldsymbol{0}$$

X の**標準偏差**は,

$$\sigma(X)=\sigma(2Y-5)=|2|\sigma(Y)$$
$$=2\cdot\frac{\sqrt{5}}{2}=\boldsymbol{\sqrt{5}}$$

4. 教科書 p.100

ある試験において，受験者の得点の平均が 57 点，標準偏差が 14 点で，その得点は正規分布に従うものとする。このとき，上位 10% に入るには何点以上必要か。

ガイド 得点を X とすると，X は正規分布 $N(57,\ 14^2)$ に従う。このとき，$Z=\dfrac{X-57}{14}$ とすると，Z は標準正規分布 $N(0,\ 1)$ に従う。

したがって，$P(Z\geqq\alpha)=0.1$ を満たす α を求めればよい。

解答 得点を X とすると，確率変数 X は正規分布 $N(57,\ 14^2)$ に従う。

このとき，$Z=\dfrac{X-57}{14}$ とすると，Z は標準正規分布 $N(0,\ 1)$ に従う。

$P(Z\geqq\alpha)=0.1$ より，

$$P(0\leqq Z\leqq\alpha)=P(Z\geqq 0)-P(Z\geqq\alpha)=0.5-0.1=0.4$$

正規分布表より，　$\alpha\fallingdotseq 1.28$

したがって，

$$X=14Z+57=14\times1.28+57=74.92$$

よって，　**75 点以上**必要である。

5. 教科書 p.101

ある市において，あるウイルスの感染率を推定するために，n 人を無作為抽出して調べたところ，感染率は 10% であった。n の値が次の場合に，この市全体におけるウイルスの感染率を信頼度 95% で推定せよ。

(1)　$n=100$　　(2)　$n=900$

ガイド 標本比率は 0.1 であるから，信頼度 95% の信頼区間

$\left[0.1-1.96\times\sqrt{\dfrac{0.1(1-0.1)}{n}},\ 0.1+1.96\times\sqrt{\dfrac{0.1(1-0.1)}{n}}\right]$ に，それぞれ n の値を代入すればよい。

解答 標本比率 R は，　$R=0.1$

であるから，市全体におけるウイルスの感染率に対する信頼度 95% の信頼区間は，

$$\left[0.1-1.96\times\sqrt{\frac{0.1(1-0.1)}{n}},\ 0.1+1.96\times\sqrt{\frac{0.1(1-0.1)}{n}}\right]\quad\cdots\cdots①$$

(1)　①に $n=100$ を代入すると，

$$\left[0.1-1.96\times\sqrt{\frac{0.1(1-0.1)}{100}},\ 0.1+1.96\times\sqrt{\frac{0.1(1-0.1)}{100}}\right]$$

よって，求める信頼区間は，　**[0.041，0.159]**

(2)　①に $n=900$ を代入すると，

$$\left[0.1-1.96\times\sqrt{\frac{0.1(1-0.1)}{900}},\ 0.1+1.96\times\sqrt{\frac{0.1(1-0.1)}{900}}\right]$$

よって，求める信頼区間は，　**[0.080，0.120]**

6. 教科書 p.101

ある県の高校2年生全員が対象となるテストを，得点の平均が65点となるように作った。受験した生徒から100人を無作為抽出して得点を調べたところ，平均は66.2点，標準偏差は9.0点であった。このテストの平均は65点であるといえるか，有意水準5％で検定せよ。

ガイド 帰無仮説 H_0 を「平均は65点である」，対立仮説 H_1 を「平均は65点でない」とする。

解答 帰無仮説 H_0 を「平均は65点である」，
対立仮説 H_1 を「平均は65点でない」とする。

標本平均を $\overline{X}$ とすると，$\overline{X}$ の棄却域は，　$|\overline{X}-m|>1.96\times\dfrac{s}{\sqrt{n}}$

$s=9.0$，$n=100$ であり，帰無仮説より $m=65$ を代入すると，棄却域は，

$$|\overline{X}-65|>1.96\times\frac{9.0}{\sqrt{100}}=1.764$$

を満たす範囲である。

ここで，$\overline{X}$ に66.2を代入すると，

$$|66.2-65|=1.2<1.764$$

となり，帰無仮説は棄却されない。

すなわち，このテストの**平均は65点でないとは判断できない**。

B

7. 教科書 p.101

さいころが1個，硬貨が1枚あり，さいころ，硬貨，さいころの順に計3回投げる。持ち点0から始めて，さいころを投げるときは出る目の数を持ち点に加え，硬貨を投げるときは，表が出れば持ち点を2倍にし，裏が出ればそのままとする。このとき，持ち点の平均を求めよ。

ガイド 最初と最後に投げるさいころの出る目の数を，それぞれ X_1，X_2 とし，硬貨を投げるとき，表が出れば2，裏が出れば1の値をとる確率変数を Y とすると，持ち点は X_1Y+X_2 で表される。

解答 最初と最後に投げるさいころの出る目の数を，それぞれ X_1，X_2 とし，硬貨を投げるとき，表が出れば2，裏が出れば1の値をとる確率変数を Y とすると，X_1 と Y の確率分布は，それぞれ次の表のようになる。

X_1	1	2	3	4	5	6	計
P	$\frac{1}{6}$	$\frac{1}{6}$	$\frac{1}{6}$	$\frac{1}{6}$	$\frac{1}{6}$	$\frac{1}{6}$	1

Y	1	2	計
P	$\frac{1}{2}$	$\frac{1}{2}$	1

X_2 の確率分布は X_1 と同様であるから，X_1 と X_2 の平均は，

$$E(X_1)=E(X_2)=1\cdot\frac{1}{6}+2\cdot\frac{1}{6}+3\cdot\frac{1}{6}+4\cdot\frac{1}{6}+5\cdot\frac{1}{6}+6\cdot\frac{1}{6}=\frac{7}{2}$$

Y の平均は，　$E(Y)=1\cdot\frac{1}{2}+2\cdot\frac{1}{2}=\frac{3}{2}$

持ち点を Z とすると，$Z=X_1Y+X_2$ である。

X_1 と Y は独立であるから，持ち点の平均は，

$$E(Z)=E(X_1Y+X_2)=E(X_1)E(Y)+E(X_2)=\frac{7}{2}\cdot\frac{3}{2}+\frac{7}{2}=\mathbf{\frac{35}{4}}$$

8. 教科書 p.101

確率変数 X のとり得る値の範囲が $-1\leqq X\leqq 1$ で，確率密度関数が $f(x)=1-|x|$ であるとき，次の問いに答えよ。

(1) $P\left(-\frac{3}{4}\leqq X\leqq\frac{1}{4}\right)$ を求めよ。

(2) $P(|X|\geqq\alpha)=\frac{1}{4}$ となる α の値を求めよ。

ガイド $|x|=\begin{cases} x\ (x \geqq 0) \\ -x\ (x \leqq 0) \end{cases}$ より，　$f(x)=\begin{cases} 1-x\ (x \geqq 0) \\ 1+x\ (x \leqq 0) \end{cases}$

解答 (1) $P\left(-\dfrac{3}{4} \leqq X \leqq \dfrac{1}{4}\right)$

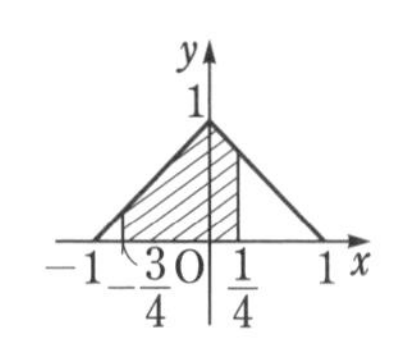

$=\displaystyle\int_{-\frac{3}{4}}^{0}(1+x)\,dx+\int_{0}^{\frac{1}{4}}(1-x)\,dx$

$=\left[x+\dfrac{1}{2}x^2\right]_{-\frac{3}{4}}^{0}+\left[x-\dfrac{1}{2}x^2\right]_{0}^{\frac{1}{4}}$

$=-\left(-\dfrac{3}{4}+\dfrac{9}{32}\right)+\left(\dfrac{1}{4}-\dfrac{1}{32}\right)=\boldsymbol{\dfrac{11}{16}}$

(2) $-1 \leqq X \leqq 1$ より，$0 \leqq |X| \leqq 1$ であるから，$P(|X| \geqq \alpha)=\dfrac{1}{4}$ を満たす α は $0<\alpha<1$ の範囲にある。

このとき，$|X| \geqq \alpha$ より，　$X \leqq -\alpha$，$\alpha \leqq X$

$P(|X| \geqq \alpha)$ は右の図の斜線部分の面積を表すから，y 軸に関する対称性より，

$P(|X| \geqq \alpha)=2\displaystyle\int_{\alpha}^{1}(1-x)\,dx=2\left[x-\dfrac{1}{2}x^2\right]_{\alpha}^{1}$

$=2\left\{\left(1-\dfrac{1}{2}\right)-\left(\alpha-\dfrac{1}{2}\alpha^2\right)\right\}=1-2\alpha+\alpha^2=(1-\alpha)^2$

$P(|X| \geqq \alpha)=\dfrac{1}{4}$ より，　$(1-\alpha)^2=\dfrac{1}{4}$

したがって，　$1-\alpha=\pm\dfrac{1}{2}$

$0<\alpha<1$ より，　$\boldsymbol{\alpha=\dfrac{1}{2}}$

9. 教科書 p.101

ある種子の発芽率は，30°C で 80% であるという。この種子 250 個を無作為抽出して 30°C の条件で発芽テストを行うと，220 個が発芽した。この種子の発芽率は 80% であるといえるか，有意水準 5% で検定せよ。

ガイド 帰無仮説 H_0 を「発芽率は 80% である」，対立仮説 H_1 を「発芽率は 80% でない」とする。

解答 帰無仮説 H_0 を「発芽率は80％である」,
対立仮説 H_1 を「発芽率は80％でない」とする。

標本比率を R とすると，R の棄却域は,

$$|R-p|>1.96\times\sqrt{\frac{p(1-p)}{n}}$$

$n=250$ であり，帰無仮説より $p=0.8$ を代入すると，棄却域は,

$$|R-0.8|>1.96\times\sqrt{\frac{0.8(1-0.8)}{250}}\fallingdotseq 0.050$$

を満たす範囲である。

ここで，$R=\frac{220}{250}=0.88$ を代入すると,

$$|0.88-0.8|=0.08>0.050$$

となり，帰無仮説は棄却されるから対立仮説を受け入れる。

すなわち，この種子の**発芽率は80％でないと判断できる**。

10. 教科書 p. 101

ある偉人を知っている人の割合は約60％といわれている。本当に60％か調査するにあたり，信頼度95％で信頼区間の幅を0.1，すなわち10％以下で推定したい。標本の大きさ n を何人以上にすればよいか。

ガイド 標本の大きさ n を用いて信頼区間の幅を表し，その幅が0.1以下のときの n の値の範囲を求めればよい。

解答 標本比率を0.6とすると，信頼度95％の信頼区間は,

$$\left[0.6-1.96\times\sqrt{\frac{0.6(1-0.6)}{n}},\ 0.6+1.96\times\sqrt{\frac{0.6(1-0.6)}{n}}\right]$$

であり，信頼区間の幅は，$2\times1.96\times\sqrt{\frac{0.6(1-0.6)}{n}}$ となる。

この幅が0.1以下であるから,

$$2\times1.96\times\sqrt{\frac{0.6(1-0.6)}{n}}\leqq 0.1$$

これを解くと，　$n\geqq 368.7936$

よって，**369人以上**にすればよい。

思考力を養う　中心極限定理

母平均 m，母標準偏差 σ の母集団から抽出された大きさ n の標本の標本平均 $\overline{X}$ について，n が大きいとき，$Z=\dfrac{\overline{X}-m}{\dfrac{\sigma}{\sqrt{n}}}$ は標準正規分布 $N(0,\ 1)$ に従うとしてよい。この事実は**中心極限定理**と呼ばれ，平均と標準偏差が定まっている限り，どのような母集団についても成り立つ。

母集団から無作為抽出した標本が確率 p で値 1 をとり，確率 $q=1-p$ で値 0 をとるとき，母平均は $m=p$，母標準偏差は $\sigma=\sqrt{pq}$ となる。

この母集団から無作為抽出した大きさ n の標本を X_1，X_2，……，X_n とするとき，$X=X_1+X_2+\cdots\cdots+X_n$ は二項分布 $B(n,\ p)$ に従い，さらに $\overline{X}=\dfrac{X}{n}$ が成り立つ。

よって，中心極限定理により，n が大きいとき，$Z=\dfrac{\dfrac{X}{n}-p}{\dfrac{\sqrt{pq}}{\sqrt{n}}}=\dfrac{X-np}{\sqrt{npq}}$ は標準正規分布 $N(0,\ 1)$ に従うとしてよい。

中心極限定理がどの程度の精度で成り立つか $p=q=\dfrac{1}{2}$ として，確率変数 Z と，標準正規分布に従う確率変数 Y についての確率を比べ，確かめてみよう。

Q　$n=5$ のとき，$P(Z\leqq 1)$ と $P(Y\leqq 1)$ の値を比べてみよう。

教科書 p.102

ガイド　$Z=\dfrac{X-np}{\sqrt{npq}}$ である。確率変数 X は二項分布 $B(n,\ p)$ に従うことから，$P(Z\leqq 1)$ の値を求める。

確率変数 Y は標準正規分布 $N(0,\ 1)$ に従うことから，正規分布表を用いて $P(Y\leqq 1)$ の値を求める。

解答 $Z=\dfrac{X-np}{\sqrt{npq}}=\dfrac{X-5\cdot\frac{1}{2}}{\sqrt{5\cdot\frac{1}{2}\cdot\frac{1}{2}}}=\dfrac{2X-5}{\sqrt{5}}$ より，

$$P(Z\leqq 1)=P\left(X\leqq\frac{5}{2}+\frac{\sqrt{5}}{2}\right)$$
$$=P(X\leqq 3.618\cdots\cdots)$$
$$=({}_5\mathrm{C}_0+{}_5\mathrm{C}_1+{}_5\mathrm{C}_2+{}_5\mathrm{C}_3)\left(\frac{1}{2}\right)^5=0.8125$$

一方で，正規分布表より，

$$P(Y\leqq 1)=0.5+0.3413=0.8413$$

参考 教科書 p.102 には，$|P(Z\leqq a)-P(Y\leqq a)|$ の最大値をコンピュータで計算した結果が示されている。

$|P(Z\leqq a)-P(Y\leqq a)|$ の最大値は，$n=10$ のときには 0.123047 であるが，n が大きくなるにつれて小さくなり，$n=10000$ のときには 0.003989 となっている。

このことから，n が大きいときには，Z は標準正規分布に従うとしてよいことがわかる。

X が二項分布 $B(n,\ p)$ に従うとき，
$X=r$ となる確率は，
$P(X=r)={}_n\mathrm{C}_r p^r q^{n-r}$ $(q=1-p)$
だったね。

第3章 数学と社会生活

1 日常生活や社会の事象の数学化

ある高校の生徒会では，文化祭で販売するTシャツの売上総額をできるだけ大きくしたいと考え，生徒100人を無作為に選び，Tシャツの価格に関するアンケート調査を行った。アンケートでは，提示した5つの金額の中からTシャツを購入してもよいと思う価格を選んでもらった。

右の表は回答した90人の結果である。

価格(円)	1800	1500	1200	900	600
人数(人)	10	16	18	25	21

生徒会では，例えば価格が1200円のときには1800円や1500円を選んだ生徒も1枚購入すると考え，価格ごとに，その価格以上の金額を選んだ人数(累積人数)を右の表のように求めた。そして，その累積人数を，その価格のときに見込める販売数と仮定した。

価格(円)	1800	1500	1200	900	600
累積人数(人)	10	26	44	69	90

問1 売上総額＝価格×販売数 である。上の表の5つの価格のうち，売上総額が最大になる価格を求めよ。

教科書 p.105

ガイド 上の表の累積人数を販売数として，価格ごとに売上総額を求める。

解答 上の表から，価格ごとに売上総額を求めると，

1800円のとき，　$1800\times10=18000$ (円)

1500円のとき，　$1500\times26=39000$ (円)

1200円のとき，　$1200\times44=52800$ (円)

900円のとき，　$900\times69=62100$ (円)

600円のとき，　$600\times90=54000$ (円)

よって，売上総額が最大になる価格は，　**900円**

生徒会では，Tシャツ1枚の価格をx円，このときの販売数をy枚とし，xとyの関係を調べることにした。

前ページの表の5つの価格と累積人数（販売数）の値の組を$(x,\ y)$として，座標平面上に表すと右の図のようになり，これらの点はほぼ一直線上に並んでいることがわかった。

そこで，2点$(1800,\ 10)$，$(600,\ 90)$を通る直線を，価格と販売数の関係を表すグラフとみなすことにした。

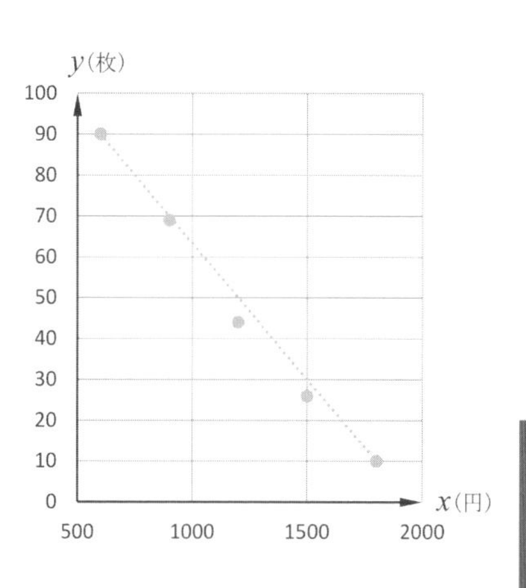

問 2　教科書 p.105 の数学化（2回目）の条件で，価格xと販売数yの関係を表す式を求めよ。

教科書 p.105

ガイド　2点$(1800,\ 10)$，$(600,\ 90)$を通る直線の方程式を求めればよい。

解答　2点$(1800,\ 10)$，$(600,\ 90)$を通る直線の方程式は，

$$y-10=\frac{90-10}{600-1800}(x-1800)$$

よって，　$\boldsymbol{y=-\frac{1}{15}x+130}$

問 3　売上総額をz円とすると，$z=xy$である。$600\leqq x\leqq 1800$の範囲におけるzの値の最大値とそのときのxの値を求めよ。

教科書 p.105

ガイド　**問 2**の結果を用いて，zをxだけの式で表す。

解答　**問 2**より，$y=-\frac{1}{15}x+130$であるから，

$$z=xy=x\left(-\frac{1}{15}x+130\right)=-\frac{1}{15}x^2+130x$$

$$=-\frac{1}{15}(x^2-1950x)=-\frac{1}{15}(x-975)^2+63375$$

この関数のグラフは，右の図の実線部分となる。

よって，z は，

$x=975$ のとき，最大値 63375

をとる。

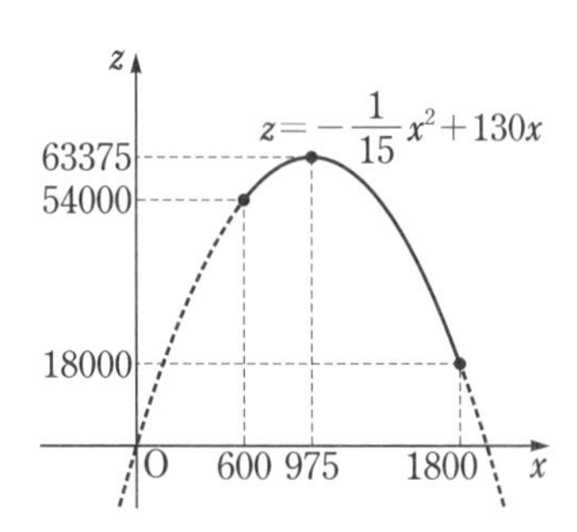

☐ **問 4** 問 3 の結果から T シャツ 1 枚の価格を決定する場合，おつりのことを考え，100 円刻みで価格を設定するとすれば，何円にするのが妥当か。

教科書 p.105

ガイド **問 3** で得られた関数のグラフから考えるとよい。

解答 **問 3** で得られた関数 $z=-\frac{1}{15}(x-975)^2+63375$ のグラフは，軸が直線 $x=975$ で上に凸の放物線であるから，x を 100 刻みで考えると，$x=1000$ のとき z は最大となる。

よって，価格を **1000 円**に設定するのが妥当である。

参考 実際に，$z=-\frac{1}{15}(x-975)^2+63375$ に $x=900$，1000 を代入して計算すると，

$x=900$ のとき，　$z=-\frac{1}{15}(900-975)^2+63375=63000$

$x=1000$ のとき，　$z=-\frac{1}{15}(1000-975)^2+63375 \fallingdotseq 63333$

となり，$x=1000$ のとき z は最大となる。

2　部屋割り論法

問 1　少なくとも何個のさいころを同時に投げれば，同じ目が必ず出るといえるか。

教科書 p.106

ガイド　日常や社会の事象において，人数や個数が一定数以上になると，ある条件を満たすような人や物が必ず存在するといえることがある。このような事実を示したいときによく用いられるのが，次の**部屋割り論法**または**鳩(はと)の巣原理**といわれる論法である。

ここがポイント　[部屋割り論法]

n 個の部屋に $(n+1)$ 人が入るとき，2人以上入る部屋が少なくとも1部屋存在する。

解答　さいころの目は1から6の6種類であるから，部屋割り論法により，7個のさいころを同時に投げるとき，同じ目が出るさいころが少なくとも2個存在する。

よって，少なくとも**7個**のさいころを同時に投げれば，同じ目が必ず出るといえる。

問 2　任意の6つの自然数には，差が5の倍数となる2つの数が必ず存在することを示せ。

教科書 p.107

ガイド　自然数を5で割った余りは何種類であるかを考え，部屋割り論法を用いる。

解答　自然数を5で割った余りは，0，1，2，3，4の5種類である。

部屋割り論法により，6つの自然数には，同じ余りになる数が少なくとも2つ存在する。これらの2つの数の差は5の倍数である。

よって，任意の6つの自然数には，差が5の倍数となる2つの数が必ず存在するといえる。

問 3 1辺の長さが3mの正三角形の土地に，木を10本植える。どのように植えても，距離が1m以下の2本の木が必ず存在することを示せ。

教科書 p.107

ガイド 正三角形の土地を1辺の長さが1mの9個の正三角形に分け，部屋割り論法を用いる。

解答 右の図のように，正三角形の土地を1辺の長さが1mの9個の正三角形に分ける。

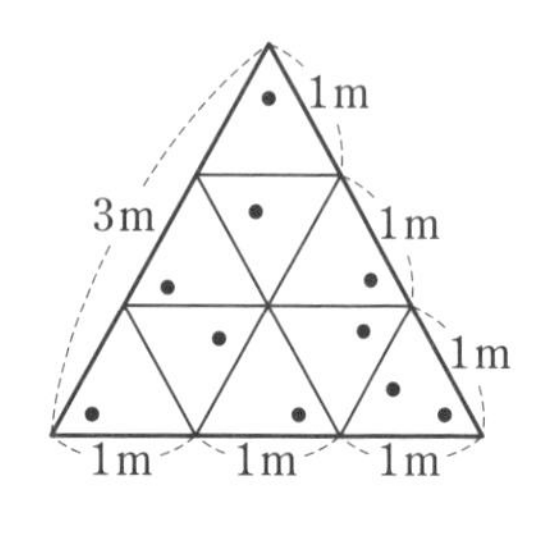

すると，その中には部屋割り論法により，2本以上の木が植えられる正三角形が少なくとも1個存在する。ただし，境界上に木がある場合は，いずれかの正三角形に属するものとする。

その1個の正三角形のどの2点の距離も1m以下であるから，距離が1m以下の2本の木が必ず存在するといえる。

Q クラスに少なくとも何人の生徒がいれば，誕生月が同じ生徒が必ず3人以上いるといえるかを考えてみよう。

教科書 p.107

ガイド 誕生月が同じ生徒が各月に2人ずつとなる場合から考える。

解答 クラスに $12\times2=24$(人) の生徒がいれば，誕生月が同じ生徒が各月に2人ずつとなる場合があるから，誕生月が同じ生徒が必ず3人以上いるとはいえない。

しかし，25人いれば，部屋割り論法により，必ずどこかの月が3人以上となる。

よって，クラスに少なくとも**25人**の生徒がいれば，誕生月が同じ生徒が必ず3人以上いるといえる。

3 適切な分配方法

問 1 ある県で，県議会議員を決める比例代表選挙を行ったところ，A，B，Cの3つの党の得票数はそれぞれ10万票，6万票，5万票であった。総議席数が5議席のとき，最大剰余方式，ドント方式による各党の議席数は，それぞれどのようになるか。

教科書 p. 109

ガイド 例えば，ある高校のパソコン部には3つの班があり，寄贈された複数台のパソコンを部員数に応じて各班に適切に分配する方法を考える。

1．まず，部員数に比例した値を求め，端数を切り捨てた台数を分配する。
2．次に，残っているパソコンを切り捨てた端数が大きい順に分配する。

このような決定方法を**最大剰余方式**という。

しかし，最大剰余方式では，寄贈されたパソコンの台数が増えたにもかかわらず，分配されるパソコンの台数が減る班が存在する，アラバマパラドックスという現象が起こることがある。

そこで，このような不都合を回避する決定方法として，次の方法がある。

1．各班の部員数を1，2，3，…… で割った商を求める。
2．1で得られたすべての商の大きい順に分配していく。

このような決定方法を**ドント方式**という。なお，商が同じ場合には，抽選などのあらかじめ決められた方法で分配する。

日本でも国政選挙において，以前は最大剰余方式を採用していたが，現在の比例代表制の議席配分はドント方式を採用している。

上記の最大剰余方式，ドント方式で，5議席を得票数に応じて各党に分配する。

解答 最大剰余方式で 5 議席を分配する。

A党　$\dfrac{10}{10+6+5}\times 5=2.38\cdots\cdots$　2 議席＋0 議席　2 議席

B党　$\dfrac{6}{10+6+5}\times 5=1.42\cdots\cdots$　1 議席＋1 議席　2 議席

C党　$\dfrac{5}{10+6+5}\times 5=1.19\cdots\cdots$　1 議席＋0 議席　1 議席

よって，**最大剰余方式**による各党の議席数は，**A党が 2 議席**，**B党が 2 議席**，**C党が 1 議席**となる。

ドント方式で 5 議席を分配する。

各党の得票数を，1，2，3，4 で割った商は次の表のようになる。

	A党 10 万票	B党 6 万票	C党 5 万票
1 で割った商	10 ①	6 ②	5 ③
2 で割った商	5 ③	3	2.5
3 で割った商	3.33… ⑤	2	1.66…
4 で割った商	2.5	1.5	1.25

(①，②，③，……は商の大きい順につけた番号を表す。)

よって，**ドント方式**による各党の議席数は，**A党が 3 議席**，**B党が 1 議席**，**C党が 1 議席**となる。

□ **Q 1**　教科書 p.109

問 1 において，B党とC党が合併した場合の議席数について考えてみよう。ただし，合併後の新しい政党の得票数はB党とC党の得票数を足しあわせたものとする。

ガイド **問 1** と同様にして，各党の議席配分を最大剰余方式，ドント方式で考える。

解答 新しい政党(以下，新党)の得票数は，6万+5万=11万(票) である。

最大剰余方式で5議席を分配する。

A党　$\frac{10}{10+11}\times5=2.38\cdots\cdots$　2議席+0議席　2議席

新党　$\frac{11}{10+11}\times5=2.61\cdots\cdots$　2議席+1議席　3議席

よって，**最大剰余方式**による各党の議席数は，**A党が2議席**，**新党が3議席**となる。

ドント方式で5議席を分配する。

各党の得票数を，1，2，3，4で割った商は次の表のようになる。

	A党10万票	新党11万票
1で割った商	10 ②	11 ①
2で割った商	5 ④	5.5 ③
3で割った商	3.33…	3.66… ⑤
4で割った商	2.5	2.75

よって，**ドント方式**による各党の議席数は，**A党が2議席**，**新党が3議席**となる。

Q 2 なぜ，ドント方式ではアラバマパラドックスが起こらないといえるのか考えてみよう。また，ドント方式の問題点について考えてみよう。

教科書 p.109

ガイド アラバマパラドックスが起こらない理由は，ドント方式による決定方法に着目して考える。

ドント方式の問題点については，**問 1** と **Q 1** の結果から考える。

解答 (例)　アラバマパラドックスが起こらないのは，ドント方式は，得票数を各自然数で割った商の大きい順に議席を分配していく方法であり，議席数が増えても，その商は変わらないからである。

ドント方式の問題点は，**問 1** と **Q 1** のように，合併前のB党とC党の合計議席数は2議席であるのに対し，合併後の新党の議席数は3議席と増えており，合併前後で議席数が変わることがある点である。

4 回帰直線

問 1 新幹線の東京駅からいくつかの駅までの直線距離 x km と，実際の移動時間 y 分を調べてみると，次の表のようになった。表計算ソフトを用いてこのデータの散布図をかき，相関係数と回帰直線を求めよ。

教科書 p.111

主要駅	盛岡	仙台	高崎	静岡	名古屋	京都
直線距離 x (km)	462	303	98	148	268	372
移動時間 y (分)	133	94	53	59	100	135

ガイド 散布図で，あるデータのすべての点からの誤差がなるべく小さくなるような直線を考えたとき，これをそのデータの**回帰直線**という。

解答 表計算ソフトを用いて，上のデータの散布図をかくと，次の図のようになる。

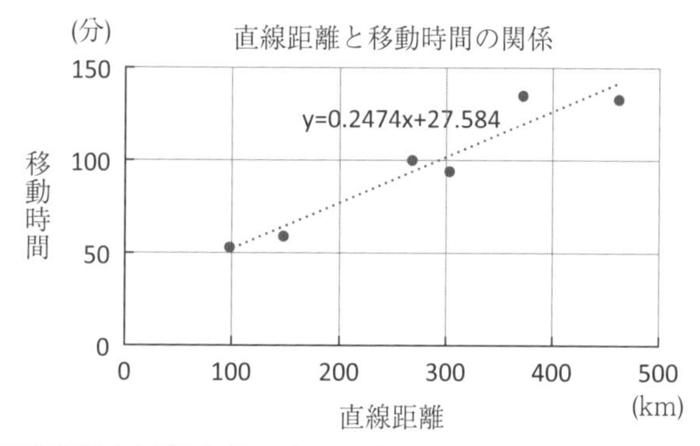

また，相関係数と回帰直線を求めると，

相関係数 0.962

回帰直線 $y=0.2474x+27.584$

が得られる。

Q　問1において求めた回帰直線から他の点と比べて外れている点を求め，その理由を考えてみよう。
教科書 p.111

ガイド　問1で得られた図から他の点と比べて外れている点を求め，下の新幹線の路線図を見て，その理由を考えるとよい。

解答　問1で得られた図を見ると，回帰直線から他の点と比べて外れている点は，点(372，135)で，**京都**を表している。

京都を表す点が他の点と比べて外れている理由は，下の新幹線の路線図に示すように，京都－名古屋間の走行経路が他の区間に比べて湾曲しており，移動時間が相対的に増えるからと考えられる。

参考　一般には，データのすべての点の y 座標と，そのデータの x 座標に対応する回帰直線 $y=ax+b$ 上の y 座標の差を2乗したものの和が最小となるように係数 a，b を定め，回帰直線を求めることが多い。これを**最小二乗法**という。

教科書 p.112 の 研究 では，最小二乗法により，実際に計算して回帰直線を求める例が扱われている。

5 定幅図形

☐ **問 1** 右の正七角形の図を用いて，ルーローの七角形をかけ。

教科書 p.114

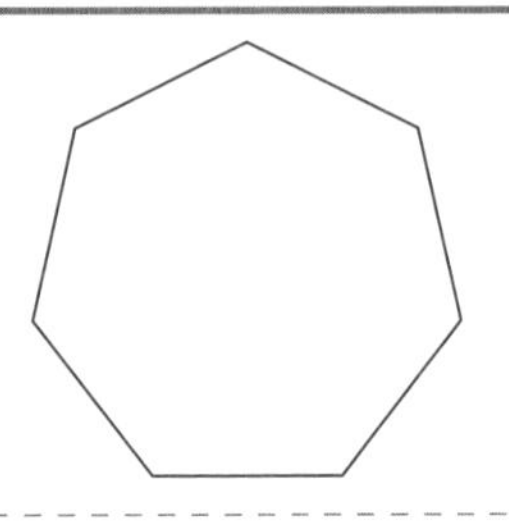

ガイド 平面上の図形を 2 本の平行な直線ではさんだとき，その図形を回転させても平行線の幅がつねに一定となるものを**定幅図形**という。

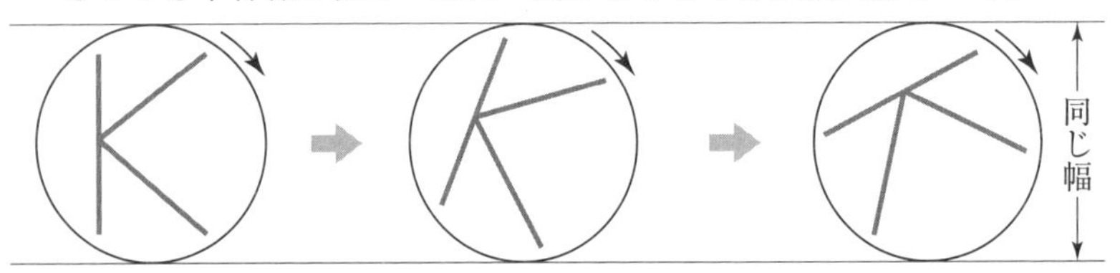

円以外にも定幅図形は存在する。例えば，正三角形をもとにして，コンパスで教科書 p.114 の図のように弧をかいていくことで定幅図形を作ることができる。これを**ルーローの三角形**と呼ぶ。

また，ルーローの三角形と同様に，正 n 角形（n は 5 以上の奇数）の各頂点を中心として最長の対角線を半径とする弧をかいていけば，**ルーローの n 角形**を得ることができる。

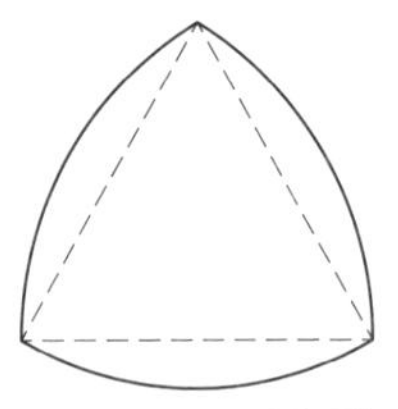
ルーローの三角形

ルーローの五角形

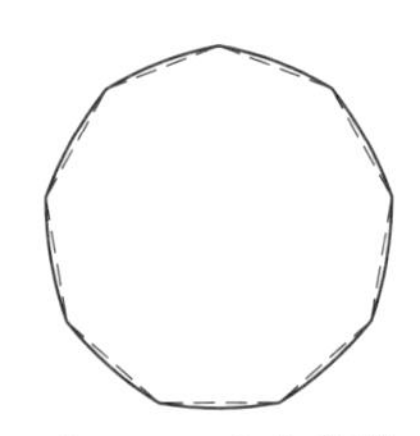
ルーローの九角形

解答 各頂点を中心として最長の対角線を半径とする弧をかいていくと，右の図のようにルーローの七角形が得られる。

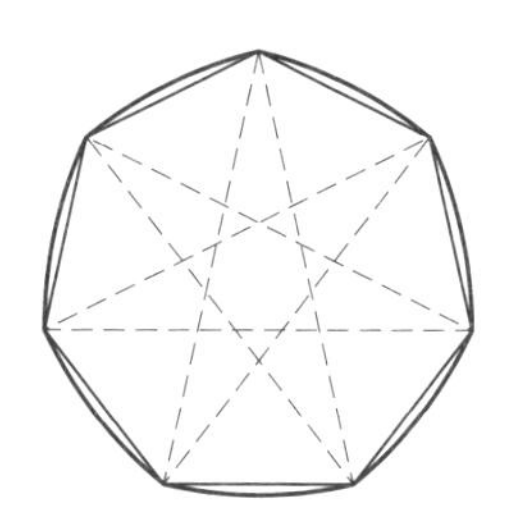

問 2 円とルーローの三角形について，幅を1としたときのそれぞれの面積 S_1, S_2 を求め，その大小を比較せよ。ただし，$\pi=3.14$, $\sqrt{3}=1.73$ とする。

教科書 p.115

ガイド 円の面積は，直径1の円の面積を求めればよい。

ルーローの三角形の面積は，正三角形の面積とその周りの3つの部分の面積の和と考える。

解答 円は，直径1の円を考えればよいから，

$$S_1=\pi\times\left(\frac{1}{2}\right)^2=\frac{\pi}{4}=3.14\div4=\mathbf{0.785}$$

ルーローの三角形の面積は，右の図より，正三角形の面積とその周りの3つの部分の面積の和であり，3つの部分のうち1つの部分の面積を S_3 とすると，

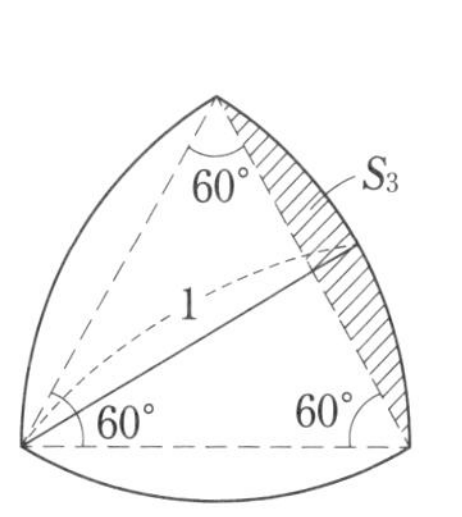

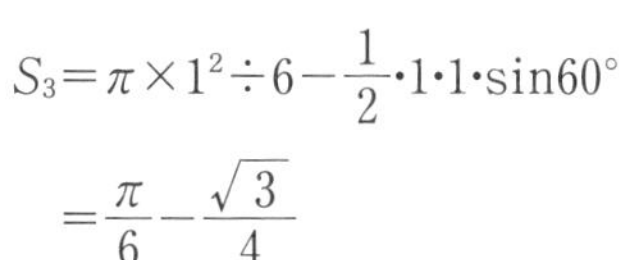

$$S_3=\pi\times1^2\div6-\frac{1}{2}\cdot1\cdot1\cdot\sin60^\circ$$

$$=\frac{\pi}{6}-\frac{\sqrt{3}}{4}$$

であるから，正三角形の面積を S_4 とすると，

$$S_2=3S_3+S_4=3\left(\frac{\pi}{6}-\frac{\sqrt{3}}{4}\right)+\frac{1}{2}\cdot1\cdot1\cdot\sin60^\circ$$

$$=\frac{\pi-\sqrt{3}}{2}=\frac{3.14-1.73}{2}=\mathbf{0.705}$$

よって，$S_1>S_2$ より，**円とルーローの三角形の幅を1としたとき，円の面積の方がルーローの三角形の面積よりも大きい。**

問 3　ルーローの五角形について，幅を1としたときの周の長さℓと面積Sをそれぞれ求めよ。ただし，$\pi=3.14$，$\sin 36^\circ=0.588$とし，対角線の長さが1の正五角形の面積は0.657とする。

教科書 p.115

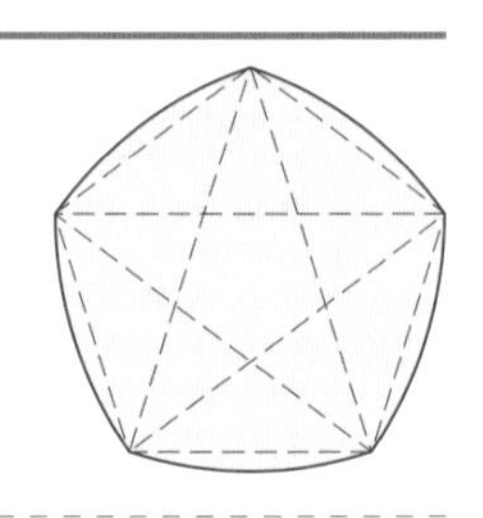

ガイド　ルーローの五角形の面積は，**問 2** と同様に，正五角形の面積とその周りの5つの部分の面積の和と考える。

解答　幅を1としたときのルーローの五角形に内接する正五角形の外接円の中心をOとすると，右の図において，

$$\angle \mathrm{AOB}=360^\circ\div 5=72^\circ$$

円周角の定理により，　$\angle \mathrm{APB}=36^\circ$

1つの頂点に対する弧の長さは，

$2\pi\times\dfrac{36}{360}$であるから，

$$\ell=\left(2\pi\times\frac{36}{360}\right)\times 5=\pi=\mathbf{3.14}$$

また，面積Sは，正五角形の面積とその周りの5つの部分の面積の和であり，5つの部分のうち1つの部分の面積をS_1とすると，

$$S_1=\pi\times 1^2\times\frac{36}{360}-\frac{1}{2}\cdot 1\cdot 1\cdot\sin 36^\circ=\frac{\pi}{10}-\frac{\sin 36^\circ}{2}$$

であるから，正五角形の面積をS_2とすると，

$$\boldsymbol{S}=5S_1+S_2=5\left(\frac{\pi}{10}-\frac{\sin 36^\circ}{2}\right)+0.657$$

$$=\frac{\pi-5\sin 36^\circ}{2}+0.657=\frac{3.14-5\times 0.588}{2}+0.657=\mathbf{0.757}$$

Q　ルーローの三角形は身近で使われている。それを探してみよう。

教科書 p.115

解答　(例)　四角形の穴をあけるドリル，掃除用ロボット，ロータリーエンジン，ギターのピックなどに使われている。

6 競技ダンスの順位

問 1 右の表は，A～Fの6組が参加した競技ダンスを，ア～オの5人の審判員が相対評価をしたものである。この結果について，各組の5つの値を左から小さい順に並べ換えた下の表を完成させて，順位法でこの6組の順位を決定せよ。

教科書 p.118

組＼審判員	ア	イ	ウ	エ	オ
A	2	1	3	1	3
B	3	5	6	3	5
C	1	6	1	4	1
D	6	2	2	2	2
E	4	4	4	6	4
F	5	3	5	5	6

ガイド 競技ダンスでは，順位法と呼ばれる順位の決定方法が用いられることがある。

順位法では，3人以上の奇数の審判員が各組の演技を順次比較し，相対評価を行う。そして，その評価をもとに各組の順位を決めていく。

教科書 p.117 の手順で，A～Fの6組の順位を決定する。

解答 各組の5つの値を左から小さい順に並べ換えると，下の表のようになる。

組						順位
A	1	1	2	3	3	**3**
B	**3**	**3**	**5**	**5**	**6**	**5**
C	**1**	**1**	**1**	**4**	**6**	**1**
D	**2**	**2**	**2**	**2**	**6**	**2**
E	**4**	**4**	**4**	**4**	**6**	**4**
F	**3**	**5**	**5**	**5**	**6**	**6**

① 各組の中央値を比較し，小さい順に順位をつける。

・Cが1位に決定する。

・A，Dが2位か3位である。

・Eが4位に決定する。

・B，Fが5位か6位である。

② 中央値よりも右の範囲にある値のうち，中央値と同じ値の個数の多い順に順位をつける。

・A，Dの右の範囲にある値のうち，中央値2と同じ値の個数はそれぞれ0，1であるから，Dが2位，Aが3位に決定する。

・B，Fの右の範囲にある値のうち，中央値5と同じ値の個数はいずれも1であるから，順位は決まらない。

③ 中央値の左の範囲にある値の和の小さい順に順位をつける。

・B，Fの左の範囲にある値の和は，それぞれ6，8であるから，Bが5位，Fが6位に決定する。

以上より，**1位がC，2位がD，3位がA，4位がE，5位がB，6位がF**に決定する。

問2 4組が参加する競技ダンスを3人の審判員が審査するとき，どの審判員からも1の評価はないが，1位となるような例を作れ。

教科書 p.119

ガイド 4組のうち，1位となる組以外の3組それぞれに，3人の審判員から1の評価が1つずつ与えられる。また，1位となる組の中央値は2となることから考える。

解答 (例) A～Dの4組のうち，A組が1位になるとすると，B～D組それぞれに，ア～ウの3人の審判員から1の評価が1つずつ与えられる。

また，A組の中央値は2となり，A組には，3人のいずれの審判員からも2の評価が与えられる。

ア～ウの3人の審判員がA～Dの4組に右上の表のような評価をしたとき，どの審判員からも1の評価がないA組が1位となる。

組＼審判員	ア	イ	ウ
A	2	2	2
B	1	3	3
C	3	1	4
D	4	4	1

組				順位
A	2	2	2	1
B	1	3	3	2
C	1	3	4	3
D	1	4	4	4

問 3　6組が参加する競技ダンスを5人の審判員が審査するとき，どの審判員からも1，2の評価はないが，1位となるような例を作れ。

教科書 p.119

ガイド　6組のうち，1位となる組以外の5組それぞれに，5人の審判員から1または2の評価が2つずつ与えられる。また，1位となる組の中央値は3となることから考える。

解答　(例)　A～Fの6組のうち，A組が1位になるとすると，B～F組それぞれに，ア～オの5人の審判員から1または2の評価が2つずつ与えられる。また，A組の中央値は3となり，A組には，4人以上の審判員から3の評価が与えられる。

ア～オの5人の審判員がA～Fの6組に右上の表のような評価をしたとき，どの審判員からも1，2の評価がないA組が1位となる。

組＼審判員	ア	イ	ウ	エ	オ
A	3	3	3	3	5
B	1	2	4	4	3
C	2	4	1	5	4
D	4	1	5	1	6
E	5	5	2	6	1
F	6	6	6	2	2

組						順位
A	3	3	3	3	5	1
B	1	2	3	4	4	2
C	1	2	4	4	5	3
D	1	1	4	5	6	4
E	1	2	5	5	6	5
F	2	2	6	6	6	6

☐ **Q 1** 順位法のメリットとデメリットを，それぞれ考えてみよう。

教科書 p.119

ガイド 順位法における順位付けは各審判員の相対評価の中央値をもとに行われていることから，メリットとデメリットを考える。

解答 (例) メリットは，順位法における順位付けは各審判員の相対評価の中央値を基準に行われており，審判員の人数は奇数であるから，過半数の審判員の評価が反映される点である。また，1人の審判員が偏った採点をしたとしても，その影響を受けにくい点である。

デメリットは，**問 2** や **問 3** のように，どの審判員からも1の評価がない組が1位となる場合がある点である。

☐ **Q 2** 他の競技の採点方法などいろいろな順位の決め方について，調べてみよう。

教科書 p.119

ガイド フィギュアスケートや新体操など，芸術性を評価の対象とする競技の採点方法などを調べてみよう。

解答 (例) フィギュアスケートでは，技術点と演技構成点の合計から，転倒やルール違反等の減点を加味した合計点で順位が決められる。

新体操では，構成（難度）点と芸術点と実施点の合計点で順位が決められる。

7 暗　号

問 1

シーザー暗号における暗号文 PDWK を復号化し，平文を求めよ。

教科書 p.120

ガイド　暗号化された文を**暗号文**といい，暗号化される前の文を**平文**(ひらぶん)という。そして，暗号文を平文に戻すことを**復号化**という。

平文 →(暗号化)→ 暗号文
平文 ←(復号化)← 暗号文

シーザー暗号は，古代ローマの将軍ジュリアス・シーザーが使っていたとされる暗号で，アルファベットの文字を3つ後ろにずらすことで暗号化を行う。なお，XはA，YはB，ZはCにする。

解答　PDWK をそれぞれ，3つ前にずらせばよいから，

P → M，D → A，W → T，K → H

よって，平文は **MATH** である。

問 2

RSA 暗号において，$p=2$，$q=11$，$r=2$，$d=7$，$e=3$ の場合，18 を暗号化し，それを復号化せよ。

教科書 p.122

ガイド　より安全な暗号化の方法として，箱を開ける鍵と閉める鍵を別にして，閉める鍵では箱を開けることはできないようにする方法がある。

開ける鍵と閉める鍵を別にする場合，受信者は，箱を開ける鍵(秘密鍵)を手元に保管し，送信者に箱を閉める鍵(公開鍵)だけを渡す。送信者は，閉める鍵で箱を閉めて受信者に送る。閉める鍵は盗まれても第三者に箱を開けられる心配はない。このような仕組みの暗号を，**公開鍵暗号**という。

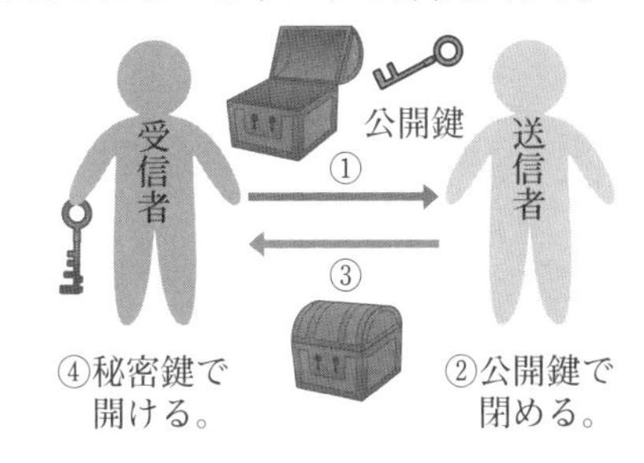

公開鍵暗号の1つであるRSA暗号では，次の手順で，暗号化と復号化を行う。

> 送信者が平文 m を暗号化するには，m^e を n で割った余りを求める。これを暗号文 c とする。
> 受信者が暗号文 c を復号化するには，c^d を n で割った余りを求める。この余りは m に一致する。
> ただし，平文 m は1より大きく n より小さいものとする。

解答 例 2 と同様に，$n=pq=22$ である。

平文が18であるとき，$18^3=5832$ を22で割った余りは2となるから，**暗号文**は**2**である。

復号化するには，$2^7=128$ を22で割った余りを求めればよい。

実際に，余りは18となり，暗号文2が復号化されて**平文18**に戻る。

Q 教科書 p.122

p，q，r，n，d，e を自分で設定し，平文 m を決め，e と n を用いて暗号化して暗号文 c を計算してみよう。また，暗号文 c から d と n を用いて復号化し，平文 m に戻ることを確認してみよう。

ガイド 次の手順で，p，q，r，n，d，e を設定し，問 2 と同様に，平文 m の暗号化と復号化を行う。

> 2つの異なる素数 p，q を決め，$n=pq$ とする。
> 次に，自然数 r を決め，$r(p-1)(q-1)+1=de$ となるような整数 d, e を選ぶ。ただし，d も e も1より大きくなるようにとる。とれない場合は r を変えて試してみる。

解答 （例）　$p=2$，$q=7$，$r=9$，$n=2\cdot7=14$，$d=5$，$e=11$ とする。

平文 $m=2$ を暗号化すると，$2^{11}=2048$ を14で割った余りは4となるから，暗号文 $c=4$ である。

暗号文 $c=4$ を復号化すると，$4^5=1024$ を14で割った余りは2となり，平文 $m=2$ に戻ることが確認できる。

研究 合同式と RSA 暗号　発展

問題1　下の[合同式の性質(1)]の2を証明せよ。

教科書 p.124

ガイド　2つの整数 a, b を，それぞれ自然数 m で割った余りが等しいとき，a と b は **m を法として合同**であるといい，

$$a \equiv b \pmod{m}$$

のように表す。このような式を**合同式**という。

整数 a と自然数 m に対し，$a=km+r$ $(0 \leqq r < m)$ を満たす整数 r を，a を m で割った余りという。このことから，a が負であっても余りが定義できる。

ここがポイント

$a \equiv b \pmod{m}$ のとき，整数 k を用いて $a-b=mk$ と表すことができる。

逆に，$a-b=mk$ と表すことができるとき，$a \equiv b \pmod{m}$ である。

何を法としているかが明らかなときは，$(\mathrm{mod}\ m)$ を省略することもある。

また，同じ m を法として，$a \equiv b$, $b \equiv c$ のとき，$a \equiv b \equiv c \pmod{m}$ のように書くこともある。このとき，$a \equiv c \pmod{m}$ である。

合同式について，一般に，次の性質が成り立つ。

ここがポイント [合同式の性質(1)]

a, b, c, d は整数，k, m は自然数とする。

$a \equiv b \pmod{m}$, $c \equiv d \pmod{m}$ のとき，

1 $a+c \equiv b+d \pmod{m}$,　$a-c \equiv b-d \pmod{m}$

2 $ac \equiv bd \pmod{m}$　　3 $a^k \equiv b^k \pmod{m}$

解答 $a \equiv b \pmod{m}$, $c \equiv d \pmod{m}$ のとき，整数 ℓ, ℓ' を用いて，

$$a-b=m\ell,\ c-d=m\ell'$$

と表すことができる。

このとき，

$$ac-bd=a(c-d)+d(a-b)=am\ell'+dm\ell=m(a\ell'+d\ell)$$

よって，　$ac \equiv bd \pmod{m}$

問題 2 9^{10} を 11 で割った余りを求めよ。

教科書 p.124

ガイド 合同式を用いる。

解答 11 を法として，

$$9^{10} \equiv (9-11)^{10} \equiv (-2)^{10} \equiv (-2)^5 \times (-2)^5 \equiv (-32) \times (-32)$$

$$\equiv (-32+11\cdot3) \times (-32+11\cdot3) \equiv 1 \times 1 \equiv 1$$

よって，9^{10} を 11 で割った余りは，**1** である。

参考 5, 7 のように，1 以外に正の公約数をもたない 2 つの自然数は**互い(たが)に素(そ)**であるという。

合同式について，一般に次のことも成り立つ。

> **ここがポイント** **[合同式の性質(2)]**
>
> a, b は整数，m, n は自然数とする。
>
> m と n が互いに素で，$a \equiv b \pmod{m}$, $a \equiv b \pmod{n}$ のとき，
>
> $$a \equiv b \pmod{mn}$$

また，RSA 暗号の証明には，次の**フェルマーの小定理**を用いることができる。教科書 p.125 では，平文 m を暗号化して復号化するともとに戻ることを証明している。

> **ここがポイント** **[フェルマーの小定理]**
>
> p を素数，k を p の倍数ではない整数とするとき，
>
> $$k^{p-1} \equiv 1 \pmod{p}$$
>
> が成り立つ。

巻末広場

思考力をみがく　白銀比と黄金比

Q 1　教科書 p.128

右の図のように A_0 を 2 等分して得られる長方形を A_1, A_1 を 2 等分して得られる長方形を A_2, というように, 次々に長方形 A_n を得ることを考える。A_n の短辺と長辺の長さの比は $1:\sqrt{2}$ である。

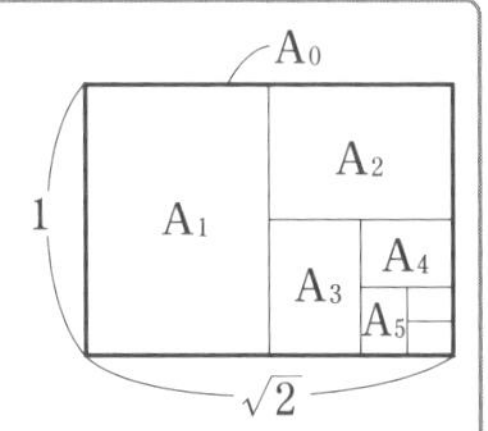

A_0 の短辺と長辺の長さを a, $\sqrt{2}a$ として, A_n の辺の長さを表してみよう。また, A_4 の 2 辺の長さは何 cm か, 求めてみよう。

ガイド　短辺と長辺の長さの比が $1:\sqrt{2}$ である長方形のうち, 面積が 1 m^2 であるものを A_0 と呼ぶことから, A_0 の短辺の長さを a, 長辺の長さを $\sqrt{2}a$ とすると, $a \fallingdotseq 84.1$ cm である。

解答　A_0 の短辺と長辺の長さは,　a, $\sqrt{2}a$

A_1 の短辺と長辺の長さは,　$\dfrac{1}{\sqrt{2}}a$, a

A_2 の短辺と長辺の長さは,　$\dfrac{1}{2}a$, $\dfrac{1}{\sqrt{2}}a$

A_3 の短辺と長辺の長さは,　$\dfrac{1}{2\sqrt{2}}a$, $\dfrac{1}{2}a$

よって, **A_n の辺の長さ**は,　$\dfrac{a}{(\sqrt{2})^n}$, $\dfrac{a}{(\sqrt{2})^{n-1}}$

また, $a \fallingdotseq 84.1$ cm であるから, **A_4 の 2 辺の長さ**は,

$$\frac{84.1}{(\sqrt{2})^4} \fallingdotseq 21.0\ (\text{cm}),\quad \frac{84.1}{(\sqrt{2})^3} \fallingdotseq 29.7\ (\text{cm})$$

Q 2 この教科書のサイズは A_1，A_2，A_3，…… または B_1，B_2，B_3，…… の中のどれに最も近いか調べてみよう。

教科書 p.128

ガイド 2 辺の長さの比が $1:\sqrt{2}$ である長方形のうち，面積が $1.5\ \text{m}^2$ であるものを B_0 と呼ぶことにし，B_0 の短辺の長さを b，長辺の長さを $\sqrt{2}b$ とすると，$b \fallingdotseq 103.0\ \text{cm}$ である。

A_n と同じように，B_0 を 2 等分して B_1，B_1 を 2 等分して B_2 というように長方形を得ることを考える。

B_0 の短辺の長さを b，長辺の長さを $\sqrt{2}b$ として，B_n の辺の長さを表し，B_5，B_6 の 2 辺の長さを求めてみるとよい。

教科書のサイズは，短辺が約 15 cm，長辺が約 21 cm である。

解答 **Q 1** より，A_5 の 2 辺の長さは，

$$\frac{84.1}{(\sqrt{2})^5} \fallingdotseq 14.9\ (\text{cm}),\quad \frac{84.1}{(\sqrt{2})^4} \fallingdotseq 21.0\ (\text{cm})$$

また，B_0 の短辺の長さを b，長辺の長さを $\sqrt{2}b$ とすると，B_n の辺の長さは，A_n と同様に，$\dfrac{b}{(\sqrt{2})^n}$，$\dfrac{b}{(\sqrt{2})^{n-1}}$ と表されるから，

B_5 の 2 辺の長さは，

$$\frac{103.0}{(\sqrt{2})^5} \fallingdotseq 18.2\ (\text{cm}),\quad \frac{103.0}{(\sqrt{2})^4} \fallingdotseq 25.8\ (\text{cm})$$

B_6 の 2 辺の長さは，

$$\frac{103.0}{(\sqrt{2})^6} \fallingdotseq 12.9\ (\text{cm}),\quad \frac{103.0}{(\sqrt{2})^5} \fallingdotseq 18.2\ (\text{cm})$$

よって，教科書のサイズは，短辺が約 15 cm，長辺が約 21 cm であるから，$\mathbf{A_5}$ に最も近い。

参考 上記のような $1:\sqrt{2}$ の比は**白銀比**と呼ばれている。

また，$1:\dfrac{1+\sqrt{5}}{2}=1:1.6180\cdots\cdots$ の比は**黄金比**と呼ばれており，黄金比や白銀比は，人が美しいと感じる比であることが知られている。

思考力をみがく　ベンフォードの法則

Q1 教科書 p.130　自然や社会に関する統計データなどから，データができるだけ広く分布しているものを選んで数を集め，最上位桁の数字の割合を調べてみよう。

ガイド 世の中で使われている数の最上位桁（一番大きな位）の数字を調べると，1が一番多く，数字が大きくなるにしたがって割合は減少し，9が一番少ない傾向にあることが知られている。

ただし，このような性質は，データが広い範囲の桁数に分布している場合に見られるもので，せまい範囲に分布しているようなデータの場合は成り立たないことが多い。

理科年表や，日本や世界に関する統計データなどを用いるとよい。

解答 （例）2018年の各国のGDPの最上位桁の数値について調べると，次の表のようになる。

最上位桁の数字	1	2	3	4	5	6	7	8	9
国の数	61	35	25	22	19	8	10	8	5
割合	0.316	0.181	0.130	0.114	0.098	0.041	0.052	0.041	0.026

その他，川の長さや株価，住所の番地，各物質の比熱，原子量，新聞記事に出てくる数字などについて調べるとよい。

Q2 教科書 p.130　表計算ソフトなどを用いて，1.1を繰り返し掛けて 1.1^1 から 1.1^{1000} までの1000個の数を作り，最上位桁の数字の割合を求めてみよう。

ガイド 表計算ソフトで最上位の数字を求めるには，文字列の先頭から指定された数の文字を返すLEFT関数などを用いるとよい。

1.1を繰り返し掛けて数値がオーバーフローしてしまう場合は，掛けた結果が10以上の場合は10で割る，という操作を加え，つねに結果が1以上10未満になるようにするとよい。

解答 最上位桁の数字の割合は，次の表のようになる。

最上位桁の数字	1	2	3	4	5	6	7	8	9
1.1^k の個数	304	177	123	97	78	67	57	52	45
割合	0.304	0.177	0.123	0.097	0.078	0.067	0.057	0.052	0.045

□ **Q 3**　Q 1およびQ 2の結果を下の表の割合と比較してみよう。

教科書 p.131

ガイド 1.1^1 から 1.1^{1000} までの1000個の数のうちで，最上位桁の数字が n であるものの割合を

$$a_k=1.1^k \quad (k=1,\ 2,\ \cdots\cdots,\ 1000)$$

とおいて考えると，a_1 から a_{1000} のうちで最上位桁の数が n であるものの割合はおよそ $\log_{10}\dfrac{n+1}{n}$ であると考えることができる。

次の表に，$\log_{10}\dfrac{n+1}{n}$ の具体的な値を小数第3位まで示す。

n	1	2	3	4	5	6	7	8	9
$\log_{10}\dfrac{n+1}{n}$	0.301	0.176	0.125	0.097	0.079	0.067	0.058	0.051	0.046

解答 （例） **Q 1** の例の結果は上の表とよく似た割合になっていることから，GDPの値について，その対数をとったものは数直線上に均等に分布していると推測できる。

Q 2 の結果は上の表とほぼ等しくなっており，最上位桁の数字が n であるものの割合はおよそ $\log_{10}\dfrac{n+1}{n}$ であることが確認できた。

参考 一般に，データの各値について対数をとったものが均等に分布しているとき，そのデータは対数的に分布しているという。広い範囲の桁数に分布しているデータは対数的に分布していることが多く，そのようなデータについては，最上位桁の数字が n であるものの割合は $\log_{10}\dfrac{n+1}{n}$ となることが多い。この法則は，**ベンフォードの法則** といわれている。

このベンフォードの法則は，会計の数や実験データの数値に意図的な改ざんが無いかどうか調べるために用いられることもある。

◆ 重要事項・公式

数　列

＊一般項を a_n，初項から第 n 項までの和を S_n とする。

▶等差数列

■初項を a，公差を d，末項を ℓ とすると，

$$a_n=a+(n-1)d$$

$$S_n=\frac{1}{2}n(a+\ell)$$

$$=\frac{1}{2}n\{2a+(n-1)d\}$$

■a，b，c がこの順に等差数列

$\Longleftrightarrow$ $2b=a+c$

▶等比数列

■初項を a，公比を r とすると，

$$a_n=ar^{n-1}$$

$$\begin{cases} S_n=\dfrac{a(1-r^n)}{1-r}=\dfrac{a(r^n-1)}{r-1} & (r\neq 1) \\ S_n=na & (r=1) \end{cases}$$

■ 0 でない 3 つの数 a，b，c について，

a，b，c がこの順に等比数列

$\Longleftrightarrow$ $b^2=ac$

▶和の記号 Σ

■ $\displaystyle\sum_{k=1}^{n}a_k=a_1+a_2+a_3+\cdots\cdots+a_n$

■ $\displaystyle\sum_{k=1}^{n}ar^{k-1}=\frac{a(1-r^n)}{1-r}$ $(r\neq 1)$

■ $\displaystyle\sum_{k=1}^{n}c=nc$ （c は定数）

$$\sum_{k=1}^{n}k=\frac{1}{2}n(n+1)$$

$$\sum_{k=1}^{n}k^2=\frac{1}{6}n(n+1)(2n+1)$$

$$\sum_{k=1}^{n}k^3=\left\{\frac{1}{2}n(n+1)\right\}^2$$

■ $\displaystyle\sum_{k=1}^{n}(a_k+b_k)=\sum_{k=1}^{n}a_k+\sum_{k=1}^{n}b_k$

$$\sum_{k=1}^{n}(a_k-b_k)=\sum_{k=1}^{n}a_k-\sum_{k=1}^{n}b_k$$

■ $\displaystyle\sum_{k=1}^{n}ca_k=c\sum_{k=1}^{n}a_k$ （c は定数）

▶階差数列

数列 $\{a_n\}$ の階差数列を $\{b_n\}$ とすると，

$$b_n=a_{n+1}-a_n$$

$$a_n=a_1+\sum_{k=1}^{n-1}b_k \quad (n\geqq 2)$$

▶数列の和と一般項

$$a_1=S_1$$

$$a_n=S_n-S_{n-1} \quad (n\geqq 2)$$

▶漸化式

■$a_1=a$，$a_{n+1}=a_n+d$ ならば，

$$a_n=a+(n-1)d$$

■$a_1=a$，$a_{n+1}=ra_n$ ならば，

$$a_n=ar^{n-1}$$

■$a_{n+1}-a_n=b_n$ ならば，

$$a_n=a_1+\sum_{k=1}^{n-1}b_k \quad (n\geqq 2)$$

■$a_1=a$，$a_{n+1}=pa_n+q$

$(p\neq 0,\ 1,\ q\neq 0)$ ならば，

$$a_{n+1}-\alpha=p(a_n-\alpha)$$

$$(\alpha=p\alpha+q)$$

▶数学的帰納法

自然数 n を含んだ命題 P が，すべての自然数 n について成り立つことを証明するには，次の 2 つのことを示せばよい。

(Ⅰ) $n=1$ のとき P が成り立つ。

(Ⅱ) $n=k$ のとき P が成り立つと仮定すると，$n=k+1$ のときも P が成り立つ。

▶隣接 3 項間の漸化式　発展

$a_{n+2}=pa_{n+1}+qa_n$ $(p\neq 0,\ q\neq 0)$ ならば，$x^2=px+q$ が異なる 2 つの実数解 α，β をもつとき，

$$\begin{cases} a_{n+2}-\alpha a_{n+1}=\beta(a_{n+1}-\alpha a_n) \\ a_{n+2}-\beta a_{n+1}=\alpha(a_{n+1}-\beta a_n) \end{cases}$$

確率分布と統計的な推測

▶確率変数の平均，分散，標準偏差

X	x_1	x_2	……	x_n	計
P	p_1	p_2	……	p_n	1

■$E(X)=x_1p_1+x_2p_2+\cdots\cdots+x_np_n$
$=\sum_{k=1}^{n}x_kp_k$

■$E(X)=m$ とすると，
$V(X)=E((X-m)^2)$
$=(x_1-m)^2p_1+(x_2-m)^2p_2+\cdots\cdots+(x_n-m)^2p_n$
$=\sum_{k=1}^{n}(x_k-m)^2p_k$

■$V(X)=E(X^2)-\{E(X)\}^2$

■$\sigma(X)=\sqrt{V(X)}$

▶$aX+b$ の平均，分散，標準偏差

確率変数 X と，定数 a，b に対して，
$E(aX+b)=aE(X)+b$
$V(aX+b)=a^2V(X)$
$\sigma(aX+b)=|a|\sigma(X)$

▶和・積の平均と和の分散

確率変数 X，Y について，
■$E(X+Y)=E(X)+E(Y)$
■X と Y が独立のとき，
$E(XY)=E(X)E(Y)$
$V(X+Y)=V(X)+V(Y)$

▶二項分布 $B(n,\ p)$

■$P(X=r)={}_n\mathrm{C}_rp^rq^{n-r}\quad(q=1-p)$
■確率変数 X が二項分布 $B(n,\ p)$ に従うとき，
$E(X)=np$
$V(X)=npq$，$\sigma(X)=\sqrt{npq}$
$(q=1-p)$

▶正規分布の平均，標準偏差

確率変数 X が正規分布 $N(m,\ \sigma^2)$ に従うとき，
$E(X)=m$，$\sigma(X)=\sigma$

▶正規分布と標準正規分布

確率変数 X が正規分布 $N(m,\ \sigma^2)$ に従うとき，$Z=\dfrac{X-m}{\sigma}$ とすると，確率変数 Z は標準正規分布 $N(0,\ 1)$ に従う。

▶二項分布の正規分布による近似

確率変数 X が二項分布 $B(n,\ p)$ に従うとき，n が大きければ，X は正規分布 $N(np,\ npq)$ に従うとしてよい。
ただし，$q=1-p$
$Z=\dfrac{X-np}{\sqrt{npq}}$ とすると，確率変数 Z は，標準正規分布 $N(0,\ 1)$ に従うとしてよい。

▶標本平均 $\overline{X}$

母平均 m，母標準偏差 σ の母集団から大きさ n の無作為標本を抽出するとき，
■$E(\overline{X})=m$
$\sigma(\overline{X})=\dfrac{\sigma}{\sqrt{n}}$
■ n が大きいとき，標本平均 $\overline{X}$ は正規分布 $N\left(m,\ \dfrac{\sigma^2}{n}\right)$ に従うとしてよい。

▶母平均の推定

標本の大きさ n が大きいとき，標本平均を $\overline{X}$，標本の標準偏差を s とすると，母平均 m に対する信頼度 95％ の信頼区間は，

$$\left[\overline{X}-1.96\times\frac{s}{\sqrt{n}},\ \overline{X}+1.96\times\frac{s}{\sqrt{n}}\right]$$

同様に，信頼度 99％ の信頼区間は，

$$\left[\overline{X}-2.58\times\frac{s}{\sqrt{n}},\ \overline{X}+2.58\times\frac{s}{\sqrt{n}}\right]$$

▶母比率の推定

標本の大きさ n が大きいとき，標本比率を R とすると，母比率 p に対する信頼度 95％ の信頼区間は，

$$\left[R-1.96\times\sqrt{\frac{R(1-R)}{n}},\ R+1.96\times\sqrt{\frac{R(1-R)}{n}}\right]$$

▶仮説検定

① 帰無仮説とそれを否定した対立仮説を決める。

② 仮定した母平均や母比率から求めた棄却域に標本平均や標本比率の値が入るかどうかを調べる。

③ 標本平均や標本比率の値が棄却域に入れば，帰無仮説は棄却され，対立仮説を受け入れる。

▶母平均の仮説検定

帰無仮説として母平均を m と仮定したとき，標本平均 $\overline{X}$ についての有意水準 5 % の棄却域は，

$$|\overline{X}-m|>1.96\times\frac{\sigma}{\sqrt{n}}$$

0.025　0.025　$\overline{X}$

m

棄却域　棄却域

$m-1.96\times\frac{\sigma}{\sqrt{n}}$　$m+1.96\times\frac{\sigma}{\sqrt{n}}$

標本の大きさ n が大きいとき，母標準偏差 σ を標本の標準偏差 s でおき換えると，棄却域は，

$$|\overline{X}-m|>1.96\times\frac{s}{\sqrt{n}}$$

▶母比率の仮説検定

帰無仮説として母比率を p と仮定したとき，標本比率 R についての有意水準 5% の棄却域は，

$$|R-p|>1.96\times\sqrt{\frac{p(1-p)}{n}}$$

数学と社会生活

▶部屋割り論法

n 個の部屋に $(n+1)$ 人が入るとき，2 人以上入る部屋が少なくとも 1 部屋存在する。

▶合同式　発展

■ 2 つの整数 a，b を，それぞれ自然数 m で割った余りが等しいとき，a と b は m を法として合同であるといい，$a\equiv b \pmod{m}$ と表す。

■合同式の性質

a，b，c，d は整数，k，m，n は自然数とする。

・$a\equiv b \pmod{m}$，$c\equiv d \pmod{m}$ のとき，

$a+c\equiv b+d \pmod{m}$

$a-c\equiv b-d \pmod{m}$

$ac\equiv bd \pmod{m}$

$a^k\equiv b^k \pmod{m}$

・m と n が互いに素で，$a\equiv b \pmod{m}$，$a\equiv b \pmod{n}$ のとき，

$a\equiv b \pmod{mn}$